国　家　自　然　科　学　基　金(41572244、41372290)
山　东　省　自　然　科　学　基　金(ZR2015DM013)
教育部高等学校博士学科点专项科研基金(20133718110004)
泰　山　学　者　建　设　工　程　专　项　经　费　资　助

损伤底板破坏深度预测理论及应用

于小鸽　施龙青　韩　进　魏久传　著

煤 炭 工 业 出 版 社

·北　京·

内 容 提 要

　　本文在充分了解国内外煤层底板破坏深度规律、评价及预测理论和方法的基础上，以新汶煤田良庄井田、肥城煤田白庄井田为例，在充分收集井田勘探、物探、地质等相关资料的基础上，以地质学、岩石力学及矿山压力控制理论为基础，采用统计学、模糊数学、人工智能、数值模拟等方法，分析了采场底板损伤对底板破坏深度的影响，推导了底板破坏深度计算公式，模拟了完整型、损伤型及渗流状态下损伤型的底板破坏深度，并结合工程实践对采场损伤底板破坏深度进行了预测。

　　本书可供煤矿工程技术人员阅读，也可供大专院校相关专业师生参考。

前　言

　　煤炭是我国国民经济发展的主要能源之一，在我国的能源结构中占据主导地位。影响煤炭安全高效开采的因素很多，其中矿井水害多年来一直是制约我国采矿工程建设的主要因素之一，特别是我国华北型石炭二叠纪煤田绝大多数矿区已进入深部开采，随着矿山压力增大，底板损伤更加严重，底板突水频繁发生，严重影响煤矿安全生产。矿井底板损伤破坏深度预测是国内外地质研究中的焦点问题之一，是服务于矿井工作的广大科技人员普遍关注且长期以来一直难以突破的课题，损伤底板破坏深度预测问题已成为现场迫切需要解决的关键问题。为此，广大地质工作者在长期生产实践中探索了许多预测底板破坏深度的思路与方法。

　　基于损伤岩体裂纹起裂判据和矿山压力控制理论，推导了应力－损伤耦合及渗流－应力－损伤耦合两种状态下的底板破坏深度计算公式，给出了基于岩石力学试验参数和底板岩体损伤指数的损伤变量计算方法，并用其计算了新汶煤田良庄井田 51302 工作面和肥城煤田白庄井田 7105 工作面的底板破坏深度。利用 RFPA 软件将 51302 工作面底板分别设定为完整型、损伤型及渗流状态下损伤型，并对底板破坏深度进行数值模拟，验证了利用推导出的理论公式计算的 51302 工作面底板破坏深度结果；通过对 51302 工作面及 7105 工作面的底板破坏深度现场实测，进一步验证了所推导的损伤底板破坏深度理论计算公式的可应用性。在归纳出影响底板破坏深度的主要影响因素基础上，构建了基于优化 BP 神经网络的底板破坏深度预测模型，运用 MATLAB 软件获得了底板破坏深度预测优化网络模型，并将该模型应用到 51302 工作面和 7105 工作面底板破坏深度的预测，预测结果与现场实测结果相对比证明：该网络模型的计算结果比应用相关规程中给出的底板破坏深度计算公式获得的结果更接近实测值。运用多源信息融合技术对多种底板破坏深度计算方法的计算结果进行融合，提高了预测结果的精度，并在肥城煤田进行应用。

在本书的撰写过程中，得到了郭建斌副教授、李守春副教授、王敏副教授、尹会永副教授、杨思通讲师，山东新汶矿业集团有限责任公司刘同彬副总工程师、李子林副总工程师、阎勇处长、郭全龙副处长，以及山东肥城矿业集团曲修术处长、冯兆安副总工程师、袁明旺副总工程师、张秀军工程师等专家和领导的支持，在此表示衷心的感谢。

由于作者水平有限，书中错误在所难免，敬请广大读者指正。

著　者

2015 年 8 月

目　　次

1 绪 论

1.1 问题的提出及研究意义

矿井水害多年来一直是制约我国矿井生产建设的主要因素之一。依据突水水源，将煤矿突水分为 5 种[1]：地表水体突水、冲积层水突水、薄层灰岩水突水、厚层灰岩水突水、砂岩含水层突水。其中，灰岩水水害是我国华北型石炭二叠纪煤田防治的重点，煤系基底为奥陶系石灰岩，岩溶发育，富水性强，矿井在开采过程中都受到不同程度的岩溶水的威胁。随着开采水平的延伸和开采范围的扩大，这种威胁越来越严重，煤矿水害已经成为威胁煤矿安全的第二大杀手。据统计，2000—2006 年煤矿重特大突水事故 435 起，死亡及失踪人数 2199 人。仅 2007—2008 年，全国煤矿发生水害事故 122 起，死亡 518 人，其中发生重大以上（死亡 10 人以上）水害事故 11 起，死亡 190 人。2010 年全国发生了多起重特大透水事故，2010 年 3 月 1 日内蒙古骆驼山煤矿透水事故，造成 32 人死亡；2010 年 3 月 28 日，王家岭煤矿发生透水事故，造成 38 人死亡；2010 年 7 月 31 日，黑龙江鸡西市恒山区鑫源煤矿发生透水事故，造成 24 人死亡。矿井水害事故发生的原因是多种多样的，除了安全管理方面的原因外，对水害发生机理认识不清，对水害预测预报缺乏足够的依据也是重要原因。

近年来，矿井突水事故呈不断上升趋势，近 5 年所发生的矿井突水事故比前 10 年还要多。统计资料表明，煤矿突水造成的直接经济损失一直排在各类煤矿灾害之首。过去 20 年间，有 250 多对矿井被水淹没，直接经济损失高达 350 多亿元。在华北型煤田煤矿突水灾害中，煤系及其下伏奥灰水突水次数占突水事故的 90% 以上，重大的灰岩岩溶类突水事故大多表现底板突水。如 1984 年 6 月开滦范各庄矿发生突水事故，突水量达 123180 m^3/h，造成淹井事故，直接经济损失近 5 亿元。1993 年 1 月 5 日发生在山东肥城国家庄煤矿奥灰突水，突水量达到 32970 m^3/h，造成整个矿井被淹，停产半年，直接经济损失 1.35 亿元。

在众多的煤层底板突水机理研究中，以山东科技大学（原山东矿业学院）提出的"下三带"理论[3,4]影响最大。该理论将开采煤层底板划分为 3 个带：底板破坏带（导水裂隙带）、承压水导高带和完整岩层带。完整岩层带虽然受矿压的影响，但其特点是仍保持岩层的连续性，其阻水性能未能发生变化；承压水导高带受开采矿压的影响，原始导高有可能再导升，但上升值很小。多年来，人们对底板破坏深度进行了大量探查和统计，给出了多种计算底板破坏深度的公式，但这些公式基本上只考虑了工作面斜长、开采深度及开采煤层倾角等因素，而忽略了底板坚固性系数对底板破坏深度的影响，底板坚固性系数越大，底板破坏深度越小[5]。煤层底板岩体是一个损伤体，具有初始损伤，煤田浅部资源开采殆尽，今后的煤层开采将以深部开采为主，随着开采深度的增加，矿压增大，底板岩体中的裂隙相互贯通并进一步扩展，这就使得底板岩体损伤更加严重，底板岩层更容易遭到破坏。王则才[5]列举了肥城煤田多个工作面的生产案例，指出8、9 煤层在采动之后，矿山压力破坏了底板岩层及含水层，使原生裂隙进一步扩展，并产生了大量的新裂隙，裂隙相互贯通，形成新网络，矿压对底板岩层的破坏深度在 30 m 以上，而不是原来的 9~12 m。施龙青[1]从现代损伤力学及断裂力学理论出发，建立采场底板的"下四带"理论，并将损伤变量引入到底板破坏深度中来，为研究底板损伤状态下的底板破坏深度提供了参考。

具有初始损伤的底板岩层是如何在矿山压力、构造应力及渗流作用下进一步破坏，使原生裂隙进一步扩展进而达到贯通，造成底板破坏发生透水事故的，成为矿井水害防治研究领域的一个重要研究内容。

1.2 底板突水机理及预测方法研究现状

矿井突水灾害是在采矿活动的影响下，底板遭到破坏，高压水突破隔水层涌入矿井。几十年来，国内外许多学者对矿井突水机理进行了一些研究，取得了大量的研究成果。这些成果从各个方面揭示了突水发生的机理和预测方法，对于矿井安全生产起到了积极的指导作用。

1.2.1 底板突水机理及预测方法国外研究现状

煤矿底板突水实质是下伏承压水冲破底板隔水层的阻碍，沿采煤工作面底板隔水层岩体内部导水通道，以突发、缓发或滞发的形式向上涌入工作面采空区的过程。作为一种综合水文地质现象，它受到许多因素的影响，例如下伏含水层承压水的水压、水量、工作面底板的岩性组合、底板隔水层岩体的构造及采煤工艺方法等[4]。

底板突水机理研究可以追溯到 20 世纪初，当时国外就有人注意到底板隔水层的作用，只要煤层底板有隔水层，突水次数就少，突水量也小，隔水层越厚则突水次数及突水量越少。20 世纪 40—50 年代，匈牙利学者韦格弗伦斯第一次提出底板相对隔水层的概念，他指出煤层底板突水不仅与隔水层厚度有关，而且还与水压力有关，突水条件受相对隔水层厚度的制约，相对隔水层厚度是等值隔水层厚度与水压力值之比。20 世纪 60—70 年代，匈牙利将相对隔水层厚度的概念列入《矿业安全规程》，并对不同矿井条件作了规定和说明。20 世纪 70—80 年代，许多国家的岩石力学工作者在研究矿柱的稳定性时研究了底板的破坏机理。C. F. Santos、Z. T. Bieniawski 等人基于改进的 Hoek - Brown 岩体强度准则，引入了临界能量释放点的概念、岩石性质和承受破坏应力前岩石已破裂的程度、岩体指标 RMR 相关的无量纲常量 M. S，分析了底板的承载能力，对研究采动影响下的底板破坏机理有一定参考价值。在 20 世纪 80 年代末，苏联矿山地质力学和测量科学研究院突破传统线性关系，指出导水裂隙和采厚呈平方根关系。实质上，对煤层底板突水问题的研究与岩体水力学问题的研究密不可分。岩体水力学是一门始于 20 世纪 60 年代末的新兴学科，自 1968 年 Show D. T. 通过实验发现平行裂隙中渗透系数的立方定律以后，人们对裂隙流的认识从多孔介质流中转变过来。1974 年 Louis 根据钻孔抽水实验得到裂隙中水的渗透系数和法向地应力服从指数关系。德国的 Erichsen 又从裂隙岩体的剪切变形分析出发建立了渗流和应力之间的耦合关系。1986 年 Oda 用裂隙几何张量统一表达了岩体渗流与变形之间的关系。1992 年 Derek Elsworth 将似双重介质岩石格架的位移转移到裂隙上，再根据裂隙渗流服从立方定理的关系，建立渗流场计算的固 - 液耦合模型，并开发了有限元计算程序。目前，在矿井水害研究方面，澳大利亚有些学者主要从事地下水运移数学模型的建立。

1.2.2 底板突水机理及预测方法国内研究现状

我国对底板突水规律的研究始于 20 世纪 60 年代，借助于匈牙利学者的研究经验，提出了突水系数概念。20 世纪 70 年代后期，修改了原来的突水系数公式，并应用于实践。20 世纪 80 年代开始，底板突水机理及预测预报的研究开始走上了蓬勃发展的道路，煤矿科研人员相继提出了突水系数公式、"下三带"理论、原位张裂与零位破坏理论、薄板模型关键层理论、突水概率指数法、模糊数学法、专家系统方法等。

1. 突水系数法[4,6]

早在 60 年代，焦作矿区水文地质大会战中，以煤炭科学研究总院西安分院为代表，提出了用突水系数作为预测预报底板突水与否的标准，并且取得了峰峰、焦作、淄博、井陉四大矿区的

临界突水系数经验数据。突水系数就是单位隔水层所能承受的极限水压值，即

$$T_S = P/M \qquad (1-1)$$

式中，T_S 为突水系数；P 为含水层水压，MPa；M 为隔水层厚度，m。

进入 20 世纪 70 年代，借鉴匈牙利的防治水经验，通过统计、整理和分析大量的突水资料，得出了考虑矿压因素的突水系数经验公式。新的经验公式在安全、经济开采以及分析突水水量和突水次数方面发挥过重要的作用，并以安全水头的形式写入煤炭工业部 1986 年制定的《煤矿防治水工作条例（试行）》中。突水系数经过两次修改后改为

$$T_S = P \Big/ \left(\sum M_i a_i - C_p \right) \qquad (1-2)$$

式中，M_i 为隔水层第 i 分层厚度，m；a_i 为隔水层第 i 分层等效厚度的换算系数；C_p 为矿压对底板的破坏深度，m。

在引入"下三带"理论后，突水系数是指每米有效隔水层厚度所承受的水压值。可由式（1-3）进行计算[7]，计算公式为

$$T_S = P/(M - M_1 - M_2) \qquad (1-3)$$

式中，M 为底板隔水层实际厚度；M_1 为开采后底板破坏带厚度；M_2 为奥灰顶界面原始导水带厚度。

2009 年新的《煤矿防治水规定》又重新定义突水系数，回归最初的突水系数定义。

然而，在实际应用中发现突水系数公式存在着一些难以克服的固有缺陷，尤其随着采深的进一步加大，底板损伤越严重，这种矛盾更加明显地暴露出来，这主要是因为突水的发生与否与隔水层的阻水性能、采掘活动、矿山压力、含水层的富水性、地质构造、原始地应力及水动力学特征等多种因素有关[8-14]，而突水系数公式中所包含的信息与采煤过程中所能够揭露的信息差距

较大。

2. "下三带"理论及"下四带"理论

"下三带"理论最早由原山东矿业学院、峰峰矿务局等一批科技人员在实践中提出的。该理论认为开采煤层底板也像上覆岩层一样从煤层底面到含水层顶面分为三带[15,16]：底板导水破坏带 h_1、完整岩层带（或保护层带）h_2、承压水导升带 h_3。

在导水破坏带岩层中一般分布 3 种裂隙：竖向张裂隙、层向裂隙、剪切裂隙。3 种裂隙相互穿插无明显分界，当它们与含水层，或承压水导升带，或导水断层沟通则可发生底板突水。底板破坏深度在理论上与多种因素有关，如工作面尺寸、开采方法、煤层厚度及倾角、开采深度、顶底板岩性及结构等。

施龙青[20,21]根据"下三带"理论分析提出底板突水的必要条件是矿压对底板的破坏使底板有效隔水层厚度降为零；突水的充分条件为水压不小于卸压区的侧向压力。在内外应力场形成之前，突水位置在采空区；内外应力场形成之后，突水位置在煤壁附近。

在承压水的富水区存在着一定高度的天然导升，在开采过程中，在水压和二次应力的共同作用下，承压水沿裂隙递进地向上入侵。通过现场观测和模拟试验，王经明[22]发现导升高度的变化主要是发生在采煤工作面的前方，突水判据为

$$H_0 + \Delta H + h \geqslant M \tag{1-4}$$

式中，H_0 为原始导升高度；ΔH 为递进导升高度；h 为底板破坏深度；M 为底板全厚。如果 $H_0 + h = M$，称为原始导升突水；如果 $H_0 + h > M$，则称为超越导升突水。

"下三带"理论比较符合煤层底板破坏、突水规律，在生产实践中得到了较为广泛的应用，但理论研究尚有待于深入[20]。施龙青[21]根据研究指出，阻碍这一理论发展和广泛应用的主要原因有两点：一是底板破坏带的理论计算公式是基于弹性力学理论推导出的，而弹性力学是建立在一些基本假定基础上的，所有

这些假定是不适合岩体的力学特征的；二是"下三带"理论没有考虑承压水对底板岩层的破坏作用。施龙青以现代损伤力学及断裂力学理论为基础，提出了开采煤层底板的"下四带"划分理论，即开采煤层底板可以划分为矿压破坏带、新增损伤带、原始损伤带、原始导高带。推导出开采煤层底板"四带"理论中各带厚度的计算公式，给出了底板突水判别方法，并结合肥城煤田开采煤层底板探测实例，说明开采煤层底板"下四带"存在的客观性。

3. 原位张裂与零位破坏理论

王作宇、刘鸿泉[22]提出的"原位张裂与零位破坏"理论认为，被开采的煤层在矿压与水压的联合作用下，工作面相对于底板的影响范围在水平方向上分为三段：超前压力压缩段（Ⅰ段）、卸压膨胀段（Ⅱ段）和采后压力压缩—稳定段（Ⅲ段）。在垂直方向上同样分为三带：直接破坏带（Ⅰ带）、影响带（Ⅱ带）、微小变化带（Ⅲ带）。在水平挤压力及矿压与水压的作用下，使超前压力压缩段（Ⅰ段）内整体上半部分受水平挤压，下半部分受水平拉张，岩体呈整体上凹的形状。在超前压力压缩段（Ⅰ段）中部附近中和层下面产生张裂隙，并沿着原岩节理、裂隙发展扩大，但不发生岩体之间较大的相对位移，仅在原位形成张裂隙。若底板受较大水压的作用，克服结构岩体的结构面阻力，产生超前渗流破坏，使张裂隙进一步扩大。同一岩性的张裂度大小与底板承压水的水压力、渗透力、采动应力场作用强度密切相关。张裂隙发生在底板岩体的影响带（Ⅱ带）范围内，形成煤层开采底板岩体的原位张裂破坏，张裂破坏产生后随着工作面推进逐渐向上发展，在接近卸压膨胀段（Ⅱ段）处于稳定。底板岩体由超前压力压缩段（Ⅰ段）向卸压膨胀段（Ⅱ段）的过渡引起其结构状态的质变，处于压缩的岩体急剧卸压，围岩的贮存能大于岩体本身的保留能，则以开裂破坏的形式释放残余弹性应变能，以达到岩体能量的重新平衡，从而引起岩体发生自上而下的破裂，其破坏位置一般发生在工作面附近，靠近工作面零位的 3~5 m 范围内，破坏基本上一次性达到最大深度，并很快稳定。煤层底板岩体移动的这种破坏即所谓的"零位破坏"，该理论认为，底板岩体的内摩擦角是影响零位破坏的基本因素，并进一步引用塑性滑移线场理论分析了采动底板的最大破坏深度。

杨映涛[23]采用 1:100 的平面应力模型，利用物理模拟技术研究煤层底板的突水机理，表明完整底板破坏突水是沿"零位破坏"线发生的。但"原位张裂与零位破坏理论"仅仅从矿山压力及水压力角度解释了煤层开采过程中的底板破坏过程，并没有从本质上简明地说明突水发生的机理，现场实用性不强。

4. 板模型理论[24,25]

刘天泉、张金才等提出了底板岩层由采动导水裂隙带和底板隔水带组成的概念，并采用半无限体上一定长度上受均匀竖向载荷的弹性解，结合莫尔－库仑强度理论和格里菲斯强度理论分别求得了底板受采动影响的最大破坏深度。采用薄板理论结合弹塑性理论得到了以底板岩层抗剪强度准则，拉强度为强度基准的底板所能承受的极限水压力的计算公式。但煤层底板很难满足薄板理论的基本条件（厚宽比小于 1/5~1/7）。由于厚板理论尚不成熟，所以计算时可以选择其中较薄的一层进行分析，应用薄板理论可以得出足够满足精度的解，这就使得应用范围受到限制，特别是现在主要开采下组煤，底板厚度大。

5. 关键层理论[26-29]

钱鸣高、黎良杰等将采场底板覆岩关键层理论引入到底板突水研究中，从而认为关键层是控制突水的主要因素。将煤层底板至含水层之间承载能力最大的一层岩层看作底板关键层，从而将采场底板突水的研究转化为对底板关键层破断机制的研究。将关键层看作受水压等均布载荷作用的弹性薄板，得出了它的极限破断垮距公式，并提出了利用已知突水事故资料反演预测岩体强度的方法，分析了底板关键层破断后的块体平衡条件，解释了突水点的分布特点与突水时产生的底鼓现象。

尽管底板关键层的力学特征与顶板关键层具有相同的意义，但底板突水与否不是由所谓的关键层所控制，恰恰相反是由一些承载能力不很强、但阻水性能很好的岩层所控制，而关键层往往因裂隙闭合度差而成为导水层。因此，该理论模型与实际地质环境相关甚远，实用性不强。

6. 非线性动力学理论

矿井煤层底板突水系统是人类和环境组成的复杂开放系统，呈现出非平衡开放系统的特征，也就是为一非线性系统。煤层底板隔水岩层的变形破坏、失稳，也就是形成一种非平衡耗散结构。因此，人们可以借助非线性力学的理论和方法来研究底板的突水机理。

靳德武[20]、王延福[30]认为在底板突水的形成中，存在快、慢两种过程。用塞子模型模拟突水岩块，建立了动力学方程，提出突水的物理判据，并对实例进行了检验。周辉[31]在薄板理论的基础上，建立了立井井筒底板突水的尖点突变模型，运用突变理论的分析方法，求得了井筒底板隔水层的最小理论安全厚度，根据在大涨落存在的前提下突变发生所遵循的 Maxwell 规则，对理论值和实际值的偏差作了合理的解释，为井筒突水的预测及确定隔水层的安全厚度，提供一种新的理论方法和途径。

白晨光[32]应用突变理论的方法，对底板关键层的力学模型进行分析，推导出了关键层系统的总势能函数表达式，建立了底板关键层的尖角（CUSP）型突变模型，分析了承压水底板关键层失稳的力学机制。王凯[33]针对煤层底板突水预测指标监测信号，分析了单变量序列尖点突变模型及其稳定判据，提出了煤层底板突水的突变理论预测方法。

王连国[34,35]得到煤层底板尖点突变模型的突水势函数，发现煤层底板突水具有突变、缓慢两条路径，并在突水临界点附近具有发散性和模态软化等性质。基于大量实测信息，对承压水上开采煤层底板变形破坏过程中岩层移动、注水量（渗透性）等矿压显现进行观测，进行 Lyapunov 指数的提取，并对其混沌性态进行了研究，表明用渗透性指标描述煤层底板变形破坏特征要比岩层移动量指标更敏感。邱秀梅[36]利用重整化群方法研究了断层单元体破裂的随机性和关联性，在此基础上，对断层导水裂隙的扩展规律进行了分析。

陈佩佩[37]、武强[38]利用非线性人工神经网络（ANN）与地理信息系统（GIS）耦合技术，建立了煤层底板突水危险性评价的非线性模型，研究结果表明，非线性人工神经网络（ANN）与地理信息系统（GIS）耦合技术对煤层底板突水预测具有重要的实用价值。

廖巍[39]、靳德武[40]、黄国明[41]、王连国[42]、姜成志[43]提出了基于小波神经网络的煤层底板突水预测模型及算法，通过实例证明了应用小波神经网络解决煤层底板突水预测的可行性和优越性。

7. 突水概率指数法

施龙青[44]基于大量的采场底板突水案例分析，找出导致煤矿底板突水的主要因素，根据各种因素在底板突水中所起的作用大小，利用概率统计法及专家经验法确定各种因素在底板突水中所占的权重，建立了计算突水概率指数的数学模型。将模型应用到已有的突水案例中，计算出各个突水案例的突水概率指数，再用概率统计的方法预测某种突水概率指数下突水的可能性及突水程度。

突水概率指数法是一种结合现场实际来预测采场底板突水的一种新方法，它不仅考虑多种因素对突水的综合影响，而且能够反映研究区域的突水规律。经过计算机程序化后，现场可操作性强，且十分方便。然而，应用该方法的前提条件是对研究区域的地层、构造及水文特征要有足够的认识和研究，还要有大量的突水资料。

8. 其他力学分析方法

人们已逐渐认识到，水源即岩溶含水层的富水条件是底板突水的基本物质前提；水压既是突水的动力，又是决定突水与否和突水量大小的主要因素之一；隔水层是底板承压水突水的阻抗因素，是岩溶承压水上开采的安全屏障；地质构造（如断层、褶曲等）和岩溶塌陷往往是底板突水的通道，绝大多数突水特别是大型突水都与地质构造有关；采掘活动和矿山压力是底板突水的诱导因素。基于这些认识，人们采用各种力学模型来分析底板突水的力学机制。

高延法[9]认为水和水压对底板的作用主要表现为 4 个方面：水对岩石特别是软弱岩石的软化作用、水压对裂隙介质岩体的力学作用、水压对裂隙面和断层面的水楔作用、水流对突水通道的冲刷扩径作用。

斯列萨列夫根据梁的力学原理在 20 世纪 30 年代就提出过临界水压力的理论公式为

$$p = \frac{2K_p t^2}{L^2} + \gamma t \qquad (1-5)$$

式中，p 为临界水压力；K_p 为底板岩石平均抗拉强度；t 为底板隔水层厚度；L 为巷道横断面宽度；γ 为底板岩石的平均密度。

胡宽榕对斯氏公式做了修正，提出了确定工作面底板破裂带的理论公式为

$$h = n_2 \left(B_2 \sqrt{\frac{K_p}{Lbm}} \gamma \cos\alpha + \frac{H_{2n}}{K_p + \gamma m} \right) \qquad (1-6)$$

式中，h 为底板岩石破裂的有效厚度；L 为工作面倾向长度；b 为工作面上一次来压时的最大控顶距离；m 为煤层采厚；H_{2n} 为底板承受的水压；γ 为底板岩层的平均密度；K_p 为顶板岩石的平均抗拉强度；B_2 为顶板岩层与矿压传递的体积系数；n_2

为综合矿压系数；α 为煤层倾角。

葛亮涛等提出工作面突水的临界水压计算公式为

$$p = EK_g\left(\frac{1}{L_x^2} - \frac{1}{L_y^2}\right)h^2 + (\gamma_{底} - 1)h\cos\alpha - \omega\gamma_{顶}h\cos\alpha \quad (1-7)$$

张金才用弹塑性理论确定底板突水的临界水压力公式为

$$p = \frac{\prod^2\left[3(L_x^2 - L_y^2) + 2(L_x^2 + L_y^2)\right]}{6L_x^2L_y^2(L_x^2 + \mu L_y^2)}(M - h_1)^2 - \gamma M$$

$$(1-8)$$

式（1-7）、式（1-8）中，p 为底板隔水层承受的临界水压；E 为与突水点相关的常数；K_g 为隔水层抗拉强度；L_x 为周期来压时最大控顶距离；L_y 为工作面倾向长度；h 为周期来压时顶板岩层厚度；$\gamma_{顶}$ 为顶板岩层平均密度；$\gamma_{底}$ 为底板岩层的平均密度；ω 为顶板重力转嫁到底板的传导系数；α 为煤层倾角；μ 为泊松比；h_1 为底板破坏深度。

王成绪[45]用结构力学方法研究底板突水，并用极限弯矩的理论计算得出确定底板隔水层有效厚度的计算公式。施龙青[46]把隔水底板作为脆性岩体，认为底板突水是由于岩体沿断裂面发生滑动造成的，考虑矿山压力的作用，修正了莫尔-库仑破裂准则。我国80%的突水事故是由于断层引起的，谭志祥[47]以断层为主要研究对象，基于岩体极限平衡理论，采用数学和力学相结合的方法，对正常地质开采条件下底板很少突水而遇断层时常常发生突水的力学机制进行分析，推导出判别承压水上采煤是否安全的计算公式。张文志[51]根据不同的岩体破坏准则，应用于不同的突水机理，基于断裂力学和非线性科学突变论的观点，建立了滞缓型突水及爆发型突水的底板破坏力学模型。

岩体结构非常复杂，地下工程作用下岩体结构的理论分析[24,49,50]几乎是不可能的或者是过分简化而不精确的。数值模拟以其复杂条件的适应性和具有应力应变史的"记忆"功能等优势，已经成为地下工程强有力的分析计算器和万能材料试验机。

随着计算机技术的飞速发展，数值模拟方法在突水问题研究方面具有良好的应用前景。张西民[51]利用有限元法模拟了顶板来压和底板破坏及突水之间的关系，结果表明，开采过程在煤层顶、底板岩层中均引起塑性破坏带，且顶板破坏带比底板破坏带更大，波及范围更远。底板矿压破坏带主要分布于煤壁岩体和原切眼附近，采空区底板破坏带深度较小，但采空区的底板位移量很大，即底板膨胀作用大，底板变形量大。对承压开采来说，顶板来压过程容易引发突水事故，尤其在底板破坏带附近来压时，突水的危险性更大。从位置上看，来压期间工作面附近底板岩层、原切眼附近的底板应力升高区都是易产生突水的危险点，是重要的防范对象。

刘红元[52]、冯启言[53]等利用自行开发的岩层破断过程分析系统，基于渗流－损伤耦合分析，对承压水底板的破断失稳、裂隙扩展和突水过程进行了数值模拟，根据模拟结果，分析了承压水底板失稳的机理，对承压水底板的突水部位进行了预测。郑少河[54]针对底板突水大部分是断层突水造成的，根据裂隙发育规模与工程尺度的关系，提出了基于应力场与渗流场相互作用的离散介质模型和拟连续介质模型的耦合模型，即对数目不多的高序次的起主要导水作用的大中型裂隙、断层，采用离散介质水力学模型分析，以充分体现大型断层的控水作用。对由这些大型断裂相互切割而成的含众多低序次裂隙的岩体，采用拟连续介质水力学模型分析，以体现这部分岩体对引起突水的给水与储水功能，最后根据两类介质接触外水头相等及位移连续建立承压水上采煤的裂隙岩体水力学模型。

吕春峰[55]利用 NCAP－2D－W 对淮北杨庄矿某工作面煤层底板突水进行多方案的数值模拟试验研究。主要内容包括：①在承压水不变的条件下，设计不同裂隙分布状态，探讨单裂隙、多裂隙、不同长度裂隙对煤层底板破坏的影响及采场矿压对裂隙顶部破坏的影响；②考虑承压水的变化，分别考虑单裂隙和多裂隙两种分布状态，探讨裂隙对煤层底板破坏的影响及开采时矿压对裂隙底部破坏的影响。通过分析受采动荷载、岩层结构变化、煤层底板中裂隙分布状态及承压水变化等因素影响的数值试验，获得了随开采工作面不断推进煤层底板破坏区的发展、突水导升高度的递增、突水通道的形成等相关规律：①煤层底板突水过程中，裂隙尺寸的长短决定了承压水导升的高度，决定了其受开采矿压影响的早晚；裂隙组连通后的承压水导升能力要高于单个裂隙单独存在时的承压水导升能力；②含承压水裂隙对隔水层顶部破坏带高度具有一定影响，且这种影响随水压和裂隙尺寸的增大而增大；③裂隙组中对隔水层底部导升带高度起主要影响作用的是其中尺寸最长的裂隙，较短裂隙作为对最长裂隙的补充也加快了承压水导升的速度和高度；④随着水压力的增大，裂隙顶部破坏带高度和承压水的导升高度都相应增大，并提前发生变化。可见，水压力的增大加快了隔水层"两带"贯通的速度，提高了突水事故发生的概率。

吴双宏[56]利用 ANSYS 对多因素影响下的底板突水破坏进行数值模拟分析：随着开采的进行，煤层底板采空区中部出现拉应力区；开采区域两侧的底板岩体内，距离岩壁 10～15 m 的范围是应力峰值区；底板岩层内部应力分布随着开采的进行而不断变化，底板塑性区随着开采而向深部发展。

武强[57]提出了煤层底板断裂构造突水时间弱化效应的新概念，较好地描述了深部煤层在高岩溶水压作用下，并在其底板沉积有大厚度隔水岩体条件下，滞后突水的形成机理。Cundall P A 在分析和吸收前人研究成果的基础上[58,59]，采用现场地应力实测，室内不同含水量情况下的断裂带物质的单轴、三轴常规试验，流变岩石力学试验，弹塑性的三维可视化数值仿真模拟等研究技术路线。尹尚先、武强[61]对开滦赵各庄矿 13 水平首采区安全回采方案进行评价，分析研究煤层底板断裂构造滞后突水的机理。经过数值模拟计算发现，采用 FLAC 数值模拟对于开采煤层底板防突水能力的模拟评价非常有效，FLAC 数值模拟软件不仅能够较真实地模拟现场复杂的实际情况（包括底板岩体的物理结构特性、力学特性和模拟边界的初始及边界条件），而且计算结果较为合理可行，较好地反映了生产实际问题的基本发展趋势，与实际情况比较接近。

尹尚先[60-62] 按照陷落柱与采面或者巷道的位置关系，将陷落柱突水模式分为顶底部突水模式和侧壁突水模式两种模式，以及薄板理论子模式、剪切破坏理论子模式、厚壁筒突水子模式和压裂突水子模式等 4 种子模式。Snow. D. T 等学者借鉴裂隙介质的渗流规律，建立了范各庄矿井地下水系统广义三重介质渗流模型，采用 FLAC^{3D} 软件模拟分析了陷落柱影响下采煤工作面推进的全过程。陷落柱的存在使底板的应力应变分布极不均匀，陷落柱顶面上方岩层的应变较大，与周围不协调，容易产生局部剪切变形；陷落柱边壁、工作面底板压缩区与膨胀区的分界线重合在一条线上时，是剪切破坏的最佳状态，最容易发生底鼓突水；陷落柱影响下的底板破坏深度为 15～18 m。

以上提出的几种突水判据及理论在不同时期不同程度上为防治煤矿底板突水起到了积极的指导作用。但不可否认的是上述研究存在着明显的缺点：一是未考虑岩层中裂隙对岩体整体强度和导水性的影响；二是将底板岩层与水分开来研究，较少考虑岩体与水的相互作用；三是断层作为煤层突水的主要因素，始终未对其进行较为全面系统的研究。底板突水是在特定的地质结构、地下水、原岩应力及采掘作用下发生的一项岩石水力学问题，而不仅仅是单纯的水文地质问题。因此，解决煤层底板突水问题应在考虑原岩应力、地质构造、地下水、采动影响及岩体损伤等因素基础上，从应力场和渗流场共同作用的角度出发，特别是损伤岩体裂纹在应力场、渗流场共同作用下进一步连通，研究含底板岩体在内的采场岩体系统的变形与破坏，将会给底板突水的研究带来更为吻合实际的解答[58]。

1.2.3 煤层底板破坏深度研究现状

煤层底板导水破坏带是指由于采动矿压的作用，底板岩层至底板顶界面开始自上而下连续遭到破坏产生裂隙或裂隙扩展相互沟通，从而形成能够导水的层带[4]。针对煤层底板破坏深度的研究主要集中在理论计算、现场实测（钻孔注水、地球物理探测）、经验公式、数值模拟和相似材料模拟等方面。

1. 理论计算

理论计算主要是将地质条件简化成数学模型，利用相关力学理论，建立力学模型，基于岩石的破坏准则，计算底板破坏深度。

"下三带"理论[63,64]认为，开采煤层底板存在三带，即底板导水破坏带、完整岩层带、承压水导高带。施龙青[1]在"下三带"理论的基础上，提出了采场底板"四带"划分理论，该理论把底板岩体看成损伤体，即在底板未遭受矿山压力破坏之前就是一个存在裂隙的不连续体，在矿山压力作用下原始损伤底板中的裂隙扩展并相互贯通。从力学角度来分析，矿山压力使底板裂隙相互贯通，所达到的最大深度即为矿压对底板岩层破坏带的深度（厚度）。岩石中裂隙相互贯通方式有3种模式[65]：岩桥张拉型破坏、岩桥剪切型破坏、岩桥拉剪复合型破坏。在矿山压力作用下底板裂隙为岩桥拉剪复合型破坏模式，根据岩石力学、损伤力学[66]、断裂力学[67]及矿山压力控制理论[68]，进行理论推导得出矿压破坏带（h_1）的理论计算公式为[69]

$$h_1 = 59.88 \ln \frac{K_{\max} \gamma H}{\sigma_1} \qquad (1-9)$$

式中，$K_{\max}$ 为矿山压力最大集中系数；γ 为上覆岩层容重；H 为采深；σ_1 为最大主应力。

张金才、刘天泉[70]根据弹性理论和塑性滑移线场理论，以底板岩体产生塑性变形而破坏的假设为前提，分别求出了3种底板最大裂隙带的计算公式。

$$h_1 = \frac{n+1}{2\pi}h\left(\cot\varphi - \frac{\pi}{2} + \varphi\right) - \frac{C}{\gamma_R \tan\varphi} - mh \qquad (1-10)$$

$$h_1 = \frac{0.015h\cos\varphi}{2\cos\left(\frac{\pi}{4} + \frac{\varphi}{2}\right)}e^{\left(\frac{\pi}{4} + \frac{\varphi}{2}\right)\tan\varphi} \qquad (1-11)$$

$$h_1 = 0.294L^{0.81} \qquad (1-12)$$

式（1-8）、式（1-9）、式（1-10）中，h_1 为底板最大裂隙带深度；C、φ 为底板平均内聚力及平均内摩擦角；n 为最大支承压力系数；m 为采空区降压系数。

但是弹性力学是建立在一些基本假定基础上的，假定物体是连续的，假定物体是完全弹性的，假定物体是均匀的，假定物体是各向同性的等，所有这些假定是不适合岩体的力学特征的。所以，基于弹性力学推导出的底板破坏深度理论公式实用性不强。

另外，黎良杰[71]，王作宇、刘鸿泉[72]等也根据塑性滑移线场理论，得出了类似的理论计算公式。

由于底板岩石的坚固性系数也是影响底板破坏深度的重要因素，但在这些理论中，只有"下四带"理论考虑了底板损伤的影响，其他计算公式并未将其考虑其中，这势必会使计算的底板破坏深度有所偏差。

2. 经验公式

经验公式是现场科技人员在实践中有针对性总结出来的实用型公式。在 20 世纪 80 年代人们根据工作面斜长（L）单因素，给出了底板破坏深度经验公式[73]，计算公式为

$$h_1 = 1.86 + 0.11L \qquad (1-13)$$

高延法、施龙青利用回归分析法，给出了与采深（H）、岩层倾角（α）、底板坚固性系数（F）、工作面斜长等多因素有关的底板破坏深度经验公式[74]，计算公式为

$$h_1 = 0.00911H + 0.0448\alpha - 0.3113F + 7.9291\ln\frac{L}{24}$$

$$(1-14)$$

施龙青在考虑损伤度的基础上，给出了以下计算公式[74]：

$$h_1 = \frac{0.00911H + 0.0488\alpha - 0.3113f + 7.9291\ln\dfrac{L}{24}}{1 - \dfrac{L_w}{L_t}}$$

(1-15)

式中，L_w 为钻孔漏水段总长度；L_t 为钻孔总长度；f 为底板坚固系数。

根据《建筑物、水体、铁路及主要井巷煤柱留设与压煤开采规程》，计算采动底板破坏深度[75]，计算公式为

$$h_1 = 0.0085H + 0.1665\alpha + 0.1079L - 4.3579 \quad (1-16)$$

这些经验公式考虑参数简单，并且参数易于获取，具有很大的实用性，一直以来都作为底板破坏深度计算的依据。但是这些回归公式的获得均是在浅煤层底板破坏深度上获得的，随着开采深度的增加，经验公式的计算结果与实际有了很大的偏差。采深和底板损伤是影响底板破坏深度的两个重要因素，开采深度增加，底板岩层的损伤更加严重，使得原有的经验公式在今后开采煤层底板破坏深度的计算中有了一定的局限性。

3. 现场实测

由于煤层底板破坏是多种因素共同作用的结果，只靠理论计算难以把所有因素都考虑在内，所以，现场实测是确定煤层底板破坏的主要方法。现场实测主要采用钻探注水（注浆）、地球物理探测方法实现。

地球物理探测技术，应用较多的是地质雷达、震波CT成像技术、直流电阻率法等技术。程久龙[76]利用岩体波速测试岩体的状态，得出底板破坏导水裂隙发育范围，在进行声波CT观测的同时，利用单孔声波和分段注水测量进行了动态过程测试，获得其底板最大破坏深度。翟培合[77]在井下建立起一套工作面网络电法动态测试系统，实现了对工作面内煤层底板破坏深度的探

测，为预测矿井突水起到重要的作用。李子林、魏久传[78]对受水害威胁的工作面进行了底板水情动态监测技术研究，指出工作面底板电阻率层析成像技术可以用于监测煤层底板破坏和底板水害的发生发展过程，实现了对工作面（包括采空区）内煤层底板破坏和底板水情的监测，通过不同时间的多次观测，实现了对工作面底板、采空区底板的动态监测。张平松[79]采用震波 CT 探测技术，结合煤层工作面中孔 - 巷间形成的探测剖面，进行不同时期震波 CT 数据采集、反演与资料处理，获得裂隙带发育最大深度。赵贤任[80]对电阻率法探测井下底板破坏带视电阻率异常特征进行研究，结果表明，电阻率法能探测出底板破坏带异常，随着工作面的推进，在视电阻率剖面上异常体的位置出现相应的位移。刘树才[81]利用三维电阻率法正演软件对底板破坏带动态模型进行正演模拟，总结出煤层底板破坏带在工作面推进不同时期的视电阻率变化规律。关英斌[82]以显德汪煤矿 1291 工作面为例，采用应力反分析法，通过探测 9 煤底板在开采前、后应力变化情况，确定煤层底板的破坏深度。

现场实测的方法获得底板破坏深度虽然精确，但费时费力，具有一定局限性。

4. 室内相似模拟

采用相似材料模拟、光弹实验等综合方法进行室内相似模拟，可以模拟多种地质开采条件，获取不同地质开采条件下的底板导水破坏深度，提供安全开采方案决策依据。但有一定的现场观测资料验证，效果更好。弓培林[83]设计了大型三维固 - 流耦合模拟试验台，研制了固 - 流耦合模拟材料及系统，初步研究了带压开采的底板变形破坏规律。冯梅梅[84]利用自主设计煤层底板承压水水压加载系统，实现压力水袋对底板隔水层的承压水作用的物理模拟，指出底板裂隙最大发育深度。相似材料模拟考虑因素较少且理想化，具有理论研究意义，实际应用受限。

5. 数值模拟

目前数值模拟方法是岩体力学特性研究中的一种重要研究手段。胡耀青采用块裂介质三维固流耦合有限元计算软件对底板突水的固流耦合分析进行了数值求解。左人宇[85]利用 FLAC 软件，考虑了工作面斜长、构造应力、采厚、埋藏深度、倾角、侧压系数、构造等因素，综合设计出共 270 个地质模型，并模拟了煤层回采过程，得出煤层底板的破坏深度。冯启言[86]模拟了底板破坏规律，指出正常无断层条件下，底板的破坏形状为"马鞍形"，最大破坏深度发生在顶板初次来压时。数值模拟可以考虑影响底板破坏深度的多种因素，且具有方便快捷等优点，成为预测底板破坏深度的重要手段。

由此可见，关于煤层底板采动破坏及底板突水研究的成果日渐丰富，在众多学者的长期努力下，出现了大量新理论和新方法，有效解决了许多生产中的实际问题。但是由于底板岩体损伤对底板破坏深度造成的影响，还没有引起足够的重视，底板突水的研究还需要进一步加强。

1.3 岩体损伤力学的研究现状

损伤力学是近 30 年发展起来的一门新的学科，Kachanov 于 1958 年在研究金属材料蠕变断裂时，首先引用了连续性因子和有效应力概念，在此基础上 Rabotnov 于 1963 年提出损伤因子概念，1977 年 Janson 与 Huit 等人提出损伤力学（damage mechanics）的新思想，随后众多国内外学者运用连续介质力学方法，基于不可逆过程力学原理，建立起损伤力学这门学科，并已经取得了重大的研究成果[87-91]。

岩体损伤力学包括细观损伤力学及宏观损伤力学。

细观损伤力学，从颗粒、晶体、孔洞等细观结构层次研究各类损伤的形态、分布及其演化特征，从而预测物体的宏观力学特征。20 世纪 80 年代中后期，细观损伤力学得到了发展。Krajcinove、Hult、Atkmson 和杨光松等对细观损伤力学的发展做出了贡献[92-94]。

宏观损伤力学，基于连续介质与不可逆力学理论，认为包含各类缺陷的材料、结构和介质是一种连续体，损伤作为一种均变量在其中连续分布，损伤状态由损伤变量进行描述，然后在满足力学、热力学基本公式和定理的条件下，推求损伤体的本构方程和损伤演化方程[95,96]。

损伤力学的发展大大扩展了其在岩体力学中的应用范围，因为岩体中的各类缺陷都可以认为是其损伤的实质表现。

Dougill[97] 最早把损伤力学应用于岩石和混凝土材料。Dragon 和 Mroz 于 1979 年根据断裂面的概念研究岩石的脆塑性损伤行为，建立了相应的连续介质模型。Costin 探讨了岩石及其他材料破坏后的损伤特征及其力学描述。Kyoya 最先把损伤力学应用于地下硐室岩体的稳定性分析。Kawamoto 利用二阶对称张量，将各向异性损伤理论引入非连续岩体的力学研究中，用有限元法实现了对损伤岩体变形量的预测。Zhang 和 Vallippan 在 Kawamoto 理论的基础上，提出岩体裂隙长度、方向和密度遵循一定的概率分布规律，基于岩体表面随机分布裂隙的测量结果，用 Monte - Carlo 统计模拟方法给出了岩体损伤变量作为 β 分布的概率分布特征。Swoboda 和 Yand 采用内时理论结合自由能函数得到了节理裂隙岩体的损伤演化方程和本构关系。在国内，谢和平基于岩石微观断裂机理、岩石蠕变损伤理论方面的研究，将损伤和岩石蠕变大变形有限元分析结合起来，研究了岩石损伤的有关问题，而且首次在联系岩石微损伤与宏观断裂方面引入了分形几何，更合理地定量描述了岩石的损伤特征[98-100]。凌建明和孙钧[101]利用电子显微镜对不同类型的岩石材料进行即时加载观测，建立了脆性岩石细观损伤模型。叶黔元[102]将岩石材料分为损伤与未损伤两个部分讨论其自由能特征，提出了一种岩石内时损伤模型。李广平和陶振宇[103]提出真三轴条件下的岩石细观损伤力学模型，建立了岩石的损伤演化方程，给出了损伤柔度的求解公式。吴澎建立了节理岩体损伤模型，并将其和非线性有限元分析结合起来。孙卫军和周维[104]提出裂隙岩体弹塑性损伤本构模型的一般形式。杨延毅[105]按照宏观损伤力学效应表现为损伤体柔度变化的思想，从自洽场理论和即时模量概念推求岩体的等效柔度张量，并将其定义为节理岩体的损伤张量。朱维申和李新平[106]建立了多裂隙岩体的损伤演化方程和本构关系，并对工程实例进行了有限元分析。徐靖南与朱维申[107,108]等推导出了多裂隙岩体的本构关系，并由此建立了多裂隙岩体的损伤演化方程及强度准则。

1.4　主要研究内容及研究方法

1.4.1　主要研究内容

运用岩石力学、弹性力学、损伤力学、断裂力学、矿山压力控制理论等多门学科知识，结合构造地质学、水文地质及工程地质学、沉积学、岩石与矿物学、开采沉陷学等有关理论，研究采场损伤底板应力状态，采场底板损伤岩体的破坏深度及损伤变量，煤层底板岩体应力–渗流–损伤耦合作用下采场底板岩体破坏深度，损伤底板破坏深度实测及采场底板破坏深度预测。主要研究内容包括以下 5 个方面内容。

1. 采场底板应力状态

煤层底板是一个受到各种地质作用后形成的损伤体。在分析底板岩体原始应力状态的基础上，研究煤层开采时底板岩体的应力分布特征及变化规律。利用 RFPA 软件对假定完整型底板、损伤型底板和渗流状态下的损伤型底板在开采过程中的最大主应力及剪应力状态进行模拟分析。

2. 损伤底板破坏深度及损伤变量的研究

主要描述底板裂纹的类型，裂纹的起裂判据。通过压剪应力对裂纹扩展长度影响的描述，给出底板在应力–损伤及渗流–应力－损伤耦合下的破坏深度理论计算公式，并结合岩石力学试验、地质条件分析及专家经验给出损伤变量的两种计算方法。具体内容包括：

（1）损伤岩体裂纹起裂判据。

（2）采场损伤底板破坏深度确定。

（3）损伤变量的确定。

（4）应用实例。

3. 基于应力－渗流－损伤耦合分析的底板破坏深度研究

主要介绍采动应力变化、渗流变化、岩石开裂、岩体损伤耦合作用，进而利用 RFPA 软件进行底板破坏、突水通道发生、发展过程的数值模拟。具体内容包括：

（1）岩石应力－渗流－损伤耦合作用分析。

（2）不同状态下底板破坏深度模拟。

4. 底板破坏深度现场实测

在提出损伤底板破坏深度的基础上，为了验证损伤状态下底板破坏深度的大小，对新汶煤田良庄井田 51302 工作面及肥城煤田白庄井田 7105 工作面进行底板破坏深度实测研究。具体内容包括：

（1）51302 工作面底板破坏深度实时监测。

（2）7105 工作面底板破坏深度现场实测。

（3）理论计算结果、数值模拟结果与实测结果对比。

5. 采场底板破坏深度预测研究

在考虑开采深度、煤层倾角、开采厚度、工作面长度、底板抗破坏能力和有无切穿型断层或破碎带等因素的基础上，建立基于 BP 神经网络的底板破坏深度预测模型。利用多源信息可靠性数据融合的方法对可靠性数据源进行融合。具体内容包括：

（1）基于 BP 神经网络的底板破坏深度预测。

（2）基于多源信息融合的底板破坏深度预测。

（3）应用实例。

1.4.2　研究方法及技术路线图

论文运用工程地质、水文地质学、岩体力学、采矿工程、矿山压力与岩层控制、损伤力学等学科的理论与方法，采用资料收集、现场数据采集、室内试验、理论分析、计算机数值模拟相结合的方法，进行系统分析研究。具体研究方法及步骤为以下几个方面：

1. 采场底板应力状态

利用 RFPA 软件对假定未损伤底板、损伤底板和渗流状态下的损伤底板在开采过程中的应力状态进行模拟分析。

2. 损伤底板破坏深度及损伤变量

根据损伤岩体裂纹起裂判据及方向，分析压剪应力对损伤岩体裂纹扩展长度的影响，结合矿山压力控制理论，推导应力 – 损伤耦合和渗流 – 应力 – 损伤耦合状态下底板破坏深度公式。采用两种方法计算损伤变量 D，一种是在岩石力学试验的基础上，通过获得的力学参数，计算出损伤变量的值；另一种是损伤概率指数法，这种方法是结合现场实际及专家经验来计算损伤变量，考虑多种因素对损伤变量的影响。以新汶煤田良庄井田为例，用两种方法来计算 51302 工作面的损伤变量 D。

3. 煤层底板岩体应力 – 渗流 – 损伤耦合作用

主要利用 RFPA 软件将 51302 工作面设定完整型底板、损伤型底板及渗流状态下损伤底板，对其进行破坏深度进行模拟，找出底板破坏规律。

4. 底板破坏深度现场实测

利用高密度电阻率探测及钻孔封堵注水技术分别对良庄井田 51302 工作面及白庄井田 7105 工作面进行底板破坏深度现场实测。

5. 采场底板破坏深度预测

在收集现场资料的基础上，综合分析影响底板破坏的因素，建立神经网络学习训练样本和测试样本，通过 BP 神经网络预测未采区的底板破坏深度。在分析多源信息可靠性数据融合方法的基础上，利用排序加权平均算子的融合方法获得底板破坏深度。

技术路线图如图 1-1 所示。

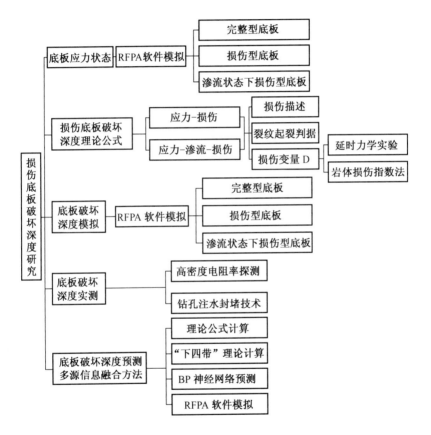

图 1-1 技术路线图

1.5 本章小结

在总结我国煤矿水害现状的基础上，阐明了损伤底板破坏深度在煤矿底板水防治研究中的重要理论意义和实际应用价值，阐述了底板突水机理及预测预报方法的研究历史与现状，总结了岩体损伤对底板破坏深度预测方法的现状，概述了岩体损伤力学的发展过程，提出了本课题研究的主要内容及方法。

2 底板岩层应力状态分析

煤层在采动之前，岩体处于原位应力平衡状态，采动之后，采空区周围原有的应力平衡状态受到破坏，引起应力的重新分布，造成部分区域应力集中，部分区域应力释放。采空区的形成也引起煤层及周围岩体的原始应力发生变化，形成附加应力。由于附加应力的作用，使底板岩层产生了破坏。本章重点描述底板岩体应力特征，并利用 RFPA 软件模拟完整型底板、损伤型底板及渗流状态下损伤型底板在开采过程中的应力变化，找出应力变化规律。

2.1 底板岩体应力特征

2.1.1 底板岩体原始应力状态

在煤层开采以前，底板岩体处于自然应力（即地应力）的平衡状态下。地应力以自重力和构造应力为主。瑞士地质学家 Heim 认为地应力处于静水压力状态，即地应力的垂直分量和水平分量相等，可用岩石的容重和埋深的乘积来决定。后苏联学者金尼克根据弹性理论，提出垂直应力和水平应力修正式：

$$\sigma_v = \gamma h \qquad (2-1)$$

$$\sigma_h = \frac{\upsilon}{1-\upsilon} \gamma h \qquad (2-2)$$

式中，σ_v 为垂直应力；σ_h 为水平应力；γ 为上覆岩层容重；υ 为岩体的泊松比；h 为埋深。

对于地面平坦情况的重力场，这一假设是正确的。在考虑到构造应力场情况下，挪威专家修正了地应力的水平应力分量表达式：

$$\sigma_h = \left(K_t + \frac{v}{1-v} \right) \gamma h \qquad (2-3)$$

式中，K_t 为构造应力系数，其他符号同上。

由于构造应力系数 K_t 不易获取，本文涉及的原始应力的垂直应力分量与水平应力分量分别采用式（2-1）、式（2-2）计算。

2.1.2 采动底板岩体压力分布及传播规律

1. 支承压力变化规律

煤层开采之后，破坏了底板岩体中原始应力场平衡状态，造成应力重新分布，开采煤层周围出现应力变化区，产生应力集中现象，其中采场周边应力集中程度最大，这种作用在煤层采空区冒落矸石或充填体上的垂直应力称为支承压力。

实际观测及理论研究表明，对于长壁开采工作面，煤层开采后工作面周围的应力分布如图2-1所示，即沿采空区边缘产生垂直支承压力。采空区内顶底板岩体内形成减压区，其压力小于开采前的正常压力。采空区底板岩体除在垂直方向受减压影响外，还受水平方向的压缩，产生向上隆起现象，即底鼓。煤层回采工作面围岩压力分布呈镜像对称关系，即在工作面之下的卸载压力几乎与回采工作面前方煤层之上支承压力一样大；如果煤层各处具有相同的弹性模量，则压力峰值将出现在回采工作面煤壁前方。

工作面两端沿两巷煤壁的压力为侧支承压力，在回采工作面两侧支承压力影响区范围为30~35 m，最大支承压力位于两侧煤体中5 m。侧支承压力和前支承压力在两巷与回采空间交叉点汇合，并叠加成尖峰支承压力。底板岩层在上部支承压力和下部水压力联合作用下，此处煤层及底板处于受压状态，工作面回采后，应力释放，底板处于膨胀状态。随着顶板的垮落，采空区冒落矸石被压实，工作面后方一定距离的底板又恢复到原岩应力状态。由于工作面不断地推进，从而导致底板出现增压（压缩区）→

卸压（膨胀区）→恢复（压实区），且随着工作面推进而重复出现。

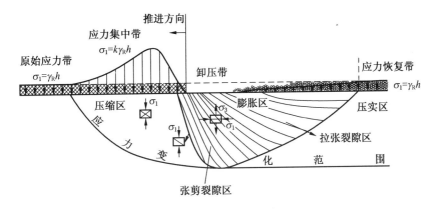

图2-1 煤层走向上采场底板应力场与破坏特征示意图

2. 推进方向上采动底板岩体应力分布及变化规律

煤层采动之后，其顶底板应力重新分布，造成顶底板岩体移动、变形，甚至破坏。研究底板岩体应力分布及变化规律，对了解底板变形及破坏特征，预测底板突水有积极意义。

对煤层底板应力状态的研究，一般采用3种方法：①理论计算；②相似材料模拟；③数值模拟。研究表明，煤层采动条件下，推进方向上底板岩体内应力分布具有以下规律：

（1）垂直应力 σ_v 大小受支承压力控制，两者有正相关关系，但大小不成正比。

（2）垂直应力 $\sigma_v/\gamma H$ 等值线呈椭圆形分布，煤体下方岩体应力集中。

（3）垂直应力随底板深度增加而减小，其峰值按负指数规律衰减。

（4）采空区下方卸压线（即卸压带与应力集中带分界线）

不是过煤壁垂直于煤层的直线，而是深入煤层且倾向采空区的曲线。

（5）水平应力变化与垂直应力相比，变化较小。

（6）剪应力峰值位于煤壁附近，随开采略有增加，向深部递减。

（7）底板高峰应力向煤壁前方以70°左右倾角向底板传播。

2.1.3　采动底板岩体受力状态分析

采动条件下底板岩体处于三向压应力状态，结合上文分析，在工作面推进过程中，沿工作面推进方向煤体的支承压力变化将依次经历正常地应力→高峰支承压力→卸压→应力恢复4个阶段，即：

$$\sigma_1 = \begin{cases} \gamma h & \text{采前支承压力影响区外} \\ K\gamma h & \text{支承压力影响区} \\ 0 & \text{煤壁后方} \\ \varepsilon\gamma h & \text{采空区冒落区} \end{cases} \qquad (2-4)$$

式中，σ_1 为煤体上支承压力；γ 为上覆岩层平均容重；h 为开采深度；K 为应力集中系数；ε 为应力恢复系数。

当底板岩体处于支承压力影响范围内时，岩体容易产生压剪破坏，产生裂隙。同时，岩体内原生裂隙受支承压力影响，可发生扩展与相互贯通，使底板岩体发生破坏。

2.2　采场应力变化数值模拟

对煤层底板应力状态的研究，一般是靠有限数值计算或采用相似材料模拟进行研究。德国学者雅可比将煤层底板岩体视为均质的弹性体，应用有限元方法进行了计算，得出垂直应力分布图。李白英等应用三维有限元模拟方法，对工作面初次来压和周期来压下不同面长（分60 m、80 m、90 m和100 m）底板应力集中系数进行了计算[7]，见表2-1、表2-2。张金才、刘天泉等[27]根据现场实测资料及相似材料模拟型实验，获得了底板应力变化的一些规律。近年来，人们更多地将模拟结果应用到实际生产中去，为研究地区的矿井生产安全提供依据[109,110]。

表2-1 初次来压时不同深度最大值应力集中系数

底板深度/m	工 作 面 面 长			
	60 m	80 m	90 m	100 m
2	1.62	1.74	1.81	1.83
7	1.30	1.36	1.38	1.46
13	1.11	1.15	1.15	1.26
19	1.03	1.04	1.05	1.15

表2-2 周期来压时不同深度最大应力集中系数

底板深度/m	工 作 面 面 长			
	60 m	80 m	90 m	100 m
2	1.15	1.56	1.58	1.60
7	1.30	1.28	1.29	1.30
13	1.11	1.12	1.14	1.16
19	1.06	1.07	1.08	1.08

2.2.1 RFPA 软件简介

RFPA 是 Realisitic Failure Precess Analysis 的简称，它是一个能够模拟材料渐进破坏的数值试验工具。其计算方法基于有限元理论和统计损伤理论，该方法考虑了材料性质的非均匀性、缺陷分布的随机性，并把这种材料性质的统计分布假设结合到数值计算方法（有限元法）中，对满足给定强度准则的单元进行破坏处理，从而使得非均匀性材料破坏过程的数值模拟得以实现。因 RFPA 软件独特的计算分析方法，使其能解决岩土工程中多数模拟软件无法解决的问题。其基本原理为：

（1）基于弹性损伤理论，RFPA 是一个以弹性力学为应力分析工具、以弹性损伤理论及其修正后的 Coulomb 破坏准则为理论，分析模块真实破裂过程的分析系统。

（2）RFPA 选取等面积四节点的四边形单元剖分计算对象。为了使问题的解答足够精确，RFPA 方法要求模型中的单元足够小（相对于宏观介质），以能足够精确地反映介质的非均匀性。但它又必须足够大（包含一定数量的矿物和胶结物颗粒，以及微裂隙、孔洞等细小缺陷），因为作为子系统的单元实际上仍是一个自由度很大的系统，它具有远大于微观尺度的细观尺度。

（3）基元赋值。RFPA 方法中假定离散化后的细观基元的力学性质服从某种统计分布规律（如 Weibull 分布），由此建立细观和宏观介质力学性能的联系。

（4）应力计算。在 RFPA 系统中，整个分析对象被离散成若干个具有不同物理力学性质的基元，为了求解各个基元的应力、应变状态，各基元之间需要满足力的平衡、变形协调和一定的应力、应变关系（物理方程）。在众多有关应力、应变的数值计算方法中，有限元是最理想的一种数值计算方法之一，它是将一个连续的介质离散成由诸多有限大小的单元组成的结构物体，然后通过力的平衡方程、几何方程、物理方程求解各个离散体的力学状态。因此，在 RFPA 系统中利用有限元作为应力分析求解器。

（5）相变分析。通过应力求解器完成各个基元的应力、应变计算后，程序便进入相变分析。相变分析是根据相变准则来检查各个基元是否有相变，并依据相变的类型对相变基元采用刚度特性软化（如裂缝或分离）或刚度重建（如压密或接触）的办法进行处理，最后形成新的、用于迭代计算的整体介质各基元的物理力学参数。

（6）RFPA 程序流程图。RFPA 程序工作流程主要由实体建模和网格划分、应力计算和基元相变分析 3 部分完成，流程图如

图 2-2 所示。对于每个给定的位移增量，首先进行应力计算，然后根据相变准则来检查模型中是否有相变基元，如果没有，继续加载增加一个分量位移，进行下一步应力计算。如果有相变基元，则根据基元的应力状态进行刚度弱化处理，然后重新进行当前步的应力计算，直至没有新的相变基元出现。

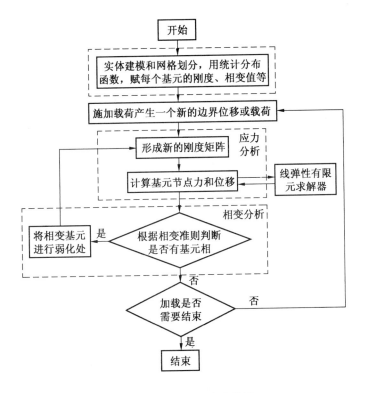

图 2-2 RFPA 程序流程图

2.2.2 煤层底板应力状态的有限元模拟

　　有限元方法为我们模拟底板应力状态提供了一种极好的研究手段。本文应用 RFPA 软件对采场底板的应力状态进行模拟，软件参数设置见表 4 – 1。RFPA 软件分别将采场底板设定为完整性、损伤型及渗流状态下损伤型，对回采过程进行连续模拟，且具有良好的可视性。

图 2 – 3、图 2 – 5、图 2 – 7 及图 2 – 4、图 2 – 6、图 2 – 8 分别为煤层完整型底板、损伤底板及渗流状态下损伤底板最大主应力分布图和剪应力分布图。

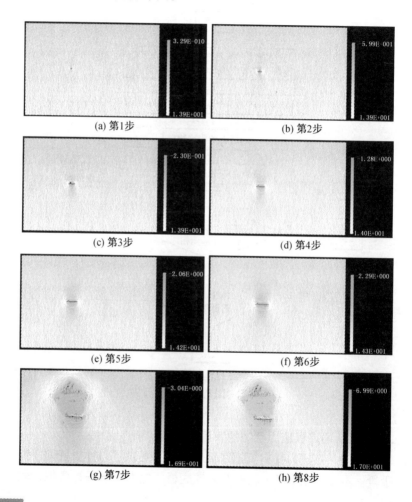

(a) 第1步 (b) 第2步

(c) 第3步 (d) 第4步

(e) 第5步 (f) 第6步

(g) 第7步 (h) 第8步

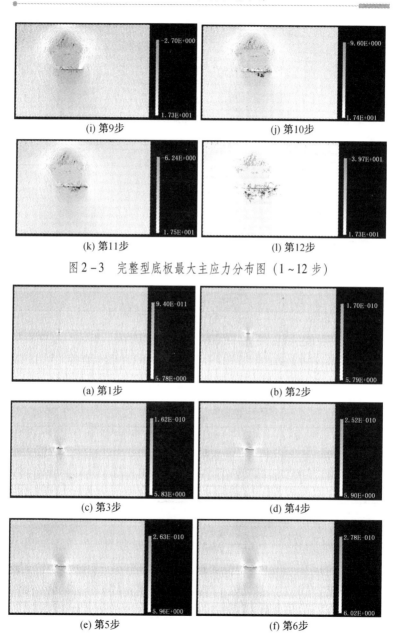

(i) 第9步　　　　　　　　　　　　(j) 第10步

(k) 第11步　　　　　　　　　　　　(l) 第12步

图2-3　完整型底板最大主应力分布图（1~12步）

(a) 第1步　　　　　　　　　　　　(b) 第2步

(c) 第3步　　　　　　　　　　　　(d) 第4步

(e) 第5步　　　　　　　　　　　　(f) 第6步

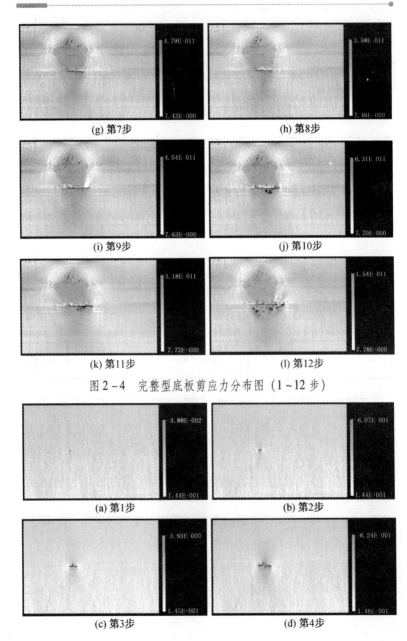

(g) 第7步   (h) 第8步

(i) 第9步   (j) 第10步

(k) 第11步   (l) 第12步

图 2-4 完整型底板剪应力分布图（1~12 步）

(a) 第1步   (b) 第2步

(c) 第3步   (d) 第4步

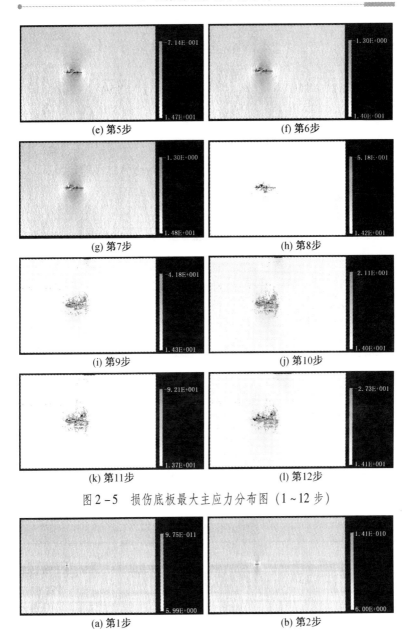

(e) 第5步   (f) 第6步

(g) 第7步   (h) 第8步

(i) 第9步   (j) 第10步

(k) 第11步   (l) 第12步

图2-5　损伤底板最大主应力分布图（1~12步）

(a) 第1步   (b) 第2步

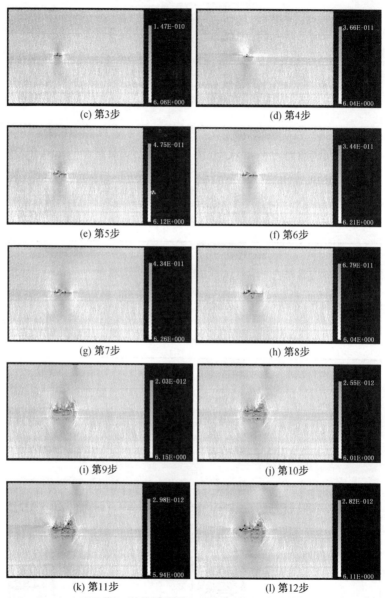

图 2-6　损伤底板剪应力分布图（1~12 步）

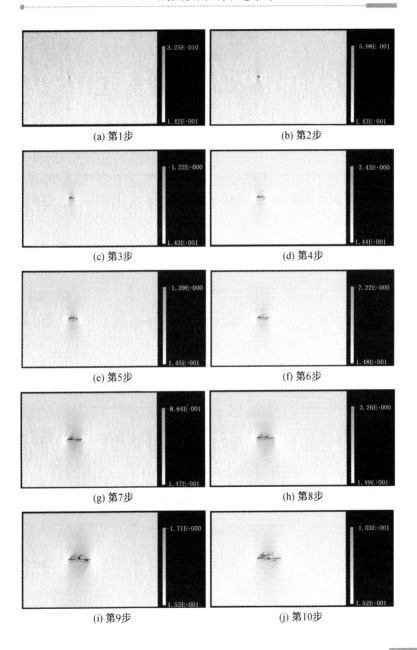

(a) 第1步　　　　　　　　　　(b) 第2步

(c) 第3步　　　　　　　　　　(d) 第4步

(e) 第5步　　　　　　　　　　(f) 第6步

(g) 第7步　　　　　　　　　　(h) 第8步

(i) 第9步　　　　　　　　　　(j) 第10步

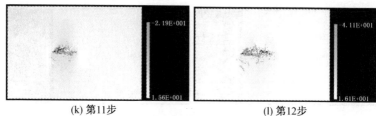

(k) 第11步　　　　　　　　(l) 第12步

图 2-7　渗流状态下损伤底板最大主应力分布图（1~12 步）

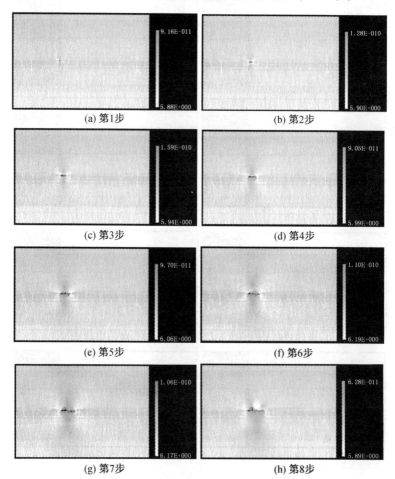

(a) 第1步　　　　　　　　(b) 第2步

(c) 第3步　　　　　　　　(d) 第4步

(e) 第5步　　　　　　　　(f) 第6步

(g) 第7步　　　　　　　　(h) 第8步

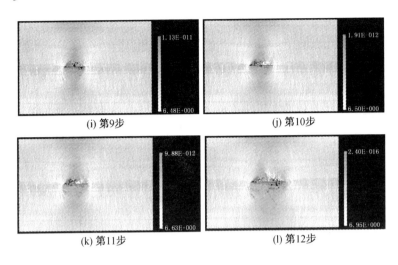

(i) 第9步　　　　　　　　　　(j) 第10步

(k) 第11步　　　　　　　　　　(l) 第12步

图 2-8　渗流状态下损伤底板剪应力分布图（1~12 步）

煤层未开挖时，底板岩层处于三维应力平衡状态，内部应力的分布是均匀的、平缓的。随着煤层的开采，底板岩层内部应力平衡状态被破坏，应力进行了重新分布。在工作面推进过程中，煤层底板具有工作面前方压缩、后方膨胀及恢复 3 个阶段，这 3个阶段随着工作面推进而重复出现，根据这一特征，沿煤层走向，可将底板岩层因受采动影响而产生的附加应力按照位置的不同划分为 3 个区域。

（1）底板应力增高区。该区位于工作面前方，底板应力明显增大，在该区域内，底板岩体在集中应力和支承压力的联合作用下，呈现前方受水平挤压，后方受水平引张的应力状态，从而导致煤层底板岩体产生原位节理、裂隙等结构面。

（2）底板应力降低区。在这个范围内，煤体不能将矿山压力有效的传递到底板深部岩体内。

（3）底板应力恢复区。随着工作面的开采，附加应力均有明显的降低，表明在采空区应力总是小于原始应力，即该区为卸压状态，在这个范围外，附加应力有增加的趋势，表明应力逐渐恢复。

根据最大主应力模拟结果分析可知：

（1）随着煤层回采，采空区增大，底板中的前、后支承压力逐渐增大，但后支承压力的增加幅度较小。因此在工作面推进到一定距离后，前支承压力超过后支承压力。在图2-3、图2-5和图2-7中可以看出，后支承压力增加到一定程度后，不再增加，前支承压力则随工作面推进持续增加。这是由于后方的应力增高区在开采过程中，其受力状态很稳定，尽管不大，但是仍然缓慢的释放煤体中储存的应变能；处于前方的煤体在开采过程中，由于工作面的不断推进，来不及释放应变能，造成应变能的积累，从而出现前方支撑煤壁处应力比后方应力高的现象。

图2-3、图2-5和图2-7中工作面分别推进到第6步、第4步和第3步时，可以看出在采空区内底板岩层下方有明显的卸压拱存在，同时在煤层底板的水平方向上有两个应力增高区，位于两侧煤壁内。

（2）支承压力向下呈递减的趋势，由模拟结果可知沿工作面推进方向上的应力变化情况，支承压力作用随深度递减，但作用区宽度增大。

（3）最大主应力集中于煤壁附近。

根据剪应力模拟结果分析可知：

（1）煤层开采时，引起采空区围岩应力重新分布。3种状态下工作面推进到第4步时，剪应力分布差别不大，主要在开切眼处和前方支撑煤壁处出现应力集中。

（2）煤层继续开挖，在开切眼处和前方支撑煤壁处应力集中程度进一步增加。在工作面推进到第4步、第5步时，完整底板的剪应力有所增大；损伤底板的剪应力在前方煤壁处出现明显的集中；渗流状态下损伤底板的剪应力集中状况也明显加大。

（3）煤层继续开挖，引起煤层顶、底板发生大的破坏，使得在开切处和前方支撑煤壁处应力集中程度更大。在工作面推进到第 5～12 步时，采空区两端煤壁下方的底板岩层破坏区增加，在煤壁的两个约束端产生剪破坏区。但 3 种状态下的应力集中情况明显不同，完整底板在煤壁两端的剪应力集中情况明显小于后两种状态；而损伤底板在煤壁两端产生的剪应力集中情况又小于渗流状态下损伤底板的剪应力集中，这就使得其对底板破坏的情况也不同，渗流状态下损伤底板易被破坏，产生突水通道。

通过以上分析可知，渗流状态下损伤底板应力最为集中，遭受破坏的程度最大；损伤底板次之，完整型底板最小。

2.3　本章小结

在研究采场底板原始应力状态的基础上，应用 RFPA 软件分别对完整型、损伤型及渗流状态下损伤型采场底板的应力状态进行了数值模拟，对其最大主应力及剪应力变化进行分析，得到如下结论：

（1）煤层采动后矿山压力对底板的破坏以压剪切作用为主，后生的剪切裂隙的基于岩体内原生裂隙扩展、演化并不断相互贯通，导致底板岩体发生破坏。

（2）随着煤层回采工作面的推进，采空区增大，底板中的前、后支承压力逐渐增大，总体表现为采空区越大，支承压力越大，支承压力在底板中的传播特点是随着深度增加而呈现非线性递减现象。

（3）剪应力主要集中在煤壁两端底板中，其对渗流状态下损伤型的底板破坏程度最大，对损伤型底板破坏次之，对完整型底板最小。

3 损伤底板破坏深度及损伤变量研究

　　煤层底板岩体经历了长期的地质作用和构造变动，其内部具有大量的破裂面，这些破裂面构成了底板岩体的初始损伤。底板岩体内已有的原生宏观、细观或微观裂隙及其经过后期改造，如采掘、孔隙水压力、渗流及腐蚀等，是底板岩体强度减弱或失稳的先决条件。底板岩层在采动中的破坏取决于底板的应力场、渗流场和原生缺陷分布，正常开采的底板岩层变形破坏是一个细观层次上的力学问题，是原生缺陷（节理、裂隙）扩展演化的结果，主要包括裂隙的扩展和裂隙间的贯通。本节对底板岩体的损伤进行描述，讨论裂纹起裂及应力对裂纹扩展长度的影响，推导开采煤层应力 – 损伤耦合及渗流 – 应力 – 损伤耦合的底板破坏深度公式，并给出多种岩性组合的采场底板损伤变量的确定方法。

3.1　底板岩体的损伤描述

　　煤层底板岩体的成因及演化历史决定了其组成存在特有的初始损伤特征，使之有别于其他岩体，如岩浆岩或工程材料如混凝土。研究底板岩体在采动条件下的损伤断裂特征，必须充分考虑其初始损伤特征，并从初始损伤的研究入手。煤层底板岩体的初始损伤主要包括细观和宏观两种尺度。

3.1.1　初始细观损伤

　　煤层底板岩体常见的岩石类型有：砂砾岩、各种粒度的砂岩、粉砂岩、泥岩、石灰岩等。这类岩石初始细观损伤主要有 3

种方式。

（1）孔隙。这是一种典型的三维细观损伤，在煤层底板各种碎屑岩中均存在。其尺寸大小和孔隙度与岩性粒度、分选性、胶结类型等有关。碎屑岩粒度越大、分选性越好、孔隙度越大。颗粒支撑的孔隙式胶结和接触式胶结的碎屑岩孔隙度较高。煤层底板常见的岩石孔隙度见表 3-1[110]。

表 3-1　常见岩石的孔隙度

岩石名称	孔隙度/%	岩石名称	孔隙度/%
砾岩	0.8~10.0	页岩	0.4~10.0
砂岩	1.6~28.0	石灰岩	0.5~27.0
泥岩	3.0~7.0	泥灰岩	1.0~10.0

（2）颗粒边界及界面裂纹。碎屑岩中，颗粒与颗粒之间，或颗粒与各种胶结物之间的结合一般比较薄弱，使岩石中的颗粒边界成为重要的初始细观损伤。由于颗粒和基质刚度的差异，常形成界面裂纹，这种类型的细观损伤受碎屑颗粒或矿物外颗粒外形控制。

（3）微裂纹。岩石在成岩过程中和后期的改造过程中会产生大量微裂纹，这是宏观裂纹形成的基础。Simmons 与 Richter 确认了 3 种类型的裂纹：晶核边界裂纹（位于晶粒间的边界上），穿晶裂纹（穿过不止一个晶粒的裂纹）及晶内裂纹（包含在晶粒内部的裂纹）。具有非常确定的解理面的矿物经常沿节理面破裂，形成晶粒内裂纹。在以黏土为基质的碎屑岩中，黏土中常常包含有许多小裂纹。

微裂纹通常是不规则的，其成因一般与拉张作用有关。微裂纹有两种分布特征，一种是均匀分布形式，裂纹密度与局部构造无关，其形成与成岩过程及其后的构造作用有关，形成于相对均匀的应力场中；另一种是非均匀分布形式，它们与局部构造

（如节理、剪切断裂或更大的断层）有关。较大的构造常常被微裂纹区所包围，这些微裂纹在最大主应力与中等主应力平面内，其优势取向与剪切区成某角度。微裂纹系可能是大规模剪切断裂的前兆。

微观裂纹的形成与拉应力有关，拉应力是因热过程或力学过程所引起的。Kranz 列举了一些力学过程，包括晶粒边界的应力集中而引起的微开裂，弹性性质不匹配而引起的开裂，扭曲而引起的开裂等。热应力是由于热弹性性质不同的晶粒及热弹性性质虽然相近，但杂乱排列的各向异性晶粒间由于不协调的热胀冷缩而引起。岩石成岩后由于侵蚀抬升，常常有冷缩裂纹，这种裂纹在岩体内部分布均匀；与之相反，力学成因微裂纹表现出与局部构造有关的非均匀分布。

不同类型的岩石的初始细观损伤具有不同的特点。砾岩、砂岩中的初始细观损伤一般较强烈，既有孔隙、颗粒边界界面裂纹，也有微裂纹。较细粒岩石如粉砂岩、泥岩及致密岩石如石灰岩，以微裂纹发育为主。

3.1.2　初始宏观损伤

岩体有别于岩石材料的主要标志就是发育以节理尺度为主的各种宏观缺陷，在工程上常称为节理岩体。孙广忠、谷振德等的"岩体结构力学"正是基于此种思想为出发点进行研究的。

采场围岩宏观初始损伤是在细观损伤基础上进一步扩展、扩大连通形成的，主要表现为节理，其尺度变化从数厘米至数百米，其次表现为小断层、溶洞、层理面、小型滑动面等。节理广泛出现于各类岩层中；小断层（主要是层内小断层）则在脆性岩层较发育；溶洞可见于灰岩等可溶性岩层中；层理面为不同岩层的转换面；小型滑动构造（层滑构造）则多发育于软硬岩层交界面上。各种形式的宏观初始损伤，以节理对岩体力学性质影响最大。节理岩体的宏观初始损伤具有 4 个特点。

（1）分布随机性。岩体中的节理在空间分布上具有随机分布特点。节理是构造应力场作用的产物，其形成虽受岩体力学性质及构造应力场控制，但整体在空间分布上具有随机性特点。在一定区域内发育的节理，其表征参数（如走向、倾向、倾角、尺度、张开性等）服从一定的概率分布规律。

（2）非贯通性。一般工程岩体中的节理在工程尺度范围内表现为非贯通性，即呈断续状。煤层底板中节理发育具有分层性特点，即不同岩性层往往节理发育的程度不同，除极少数区域性节理尺度很大，可视为贯通性节理外，绝大部分节理呈非连续状态。节理的非贯通性使得节理岩体力学性质（如应力分布、变形等）既不是连续的，也不是完全不连续的。由于非贯通节理的存在，使岩体内部应力状态出现复合特征，如裂隙端部的应力集中，也使其变形与均质连续体具有很大差异，既有连续岩体的变形，也有结构面的变形。

（3）分组定向性。岩体中节理裂隙的空间分布总体上是随机的，但其产状常常是分组的。每组节理在一定范围内不仅产状比较接近，而且其他几何参数（如隙长、间距、贯通度等）也都服从一定的分布规律

由于岩体中的节理裂隙具有明显的分组定向性，所以将岩体视为随机各向同性损伤则是不合适的。显然，节理岩体的宏观初始损伤是各向异性的。

（4）与区域构造运动史及局部地应力场具有相关性。岩体的宏观初始损伤都是该地区多次构造运动的产物，其形成既受区域构造应力场的控制，也受局部应力场制约。一次构造运动可产生多组具成因联系的结构面，如图 3 – 1 所示。

后期构造运动会改造、利用前期构造所形成的构造形迹，同时产生新的结构面。多期构造应力场更迭，使岩体节理产生复杂形态。同时，由于大型断层、褶皱的存在，会产生局部构造应力场，从而产生相应的、局部发育的结构构造，如大断层两侧的派生构造、褶皱转折部位的各种性质的节理。

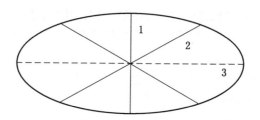

1—压性结构面；2—剪性结构面；3—张性结构面

图3-1　应力椭圆球

3.2　损伤岩体裂纹起裂判据

3.2.1　裂纹的类型

在断裂力学中，按裂纹受力情况，将裂纹分为 3 种基本类型[112]，如图 3-2 所示。这 3 种类型分别称为张开型（Ⅰ型）、滑开型（Ⅱ型）和撕开型（Ⅲ型）裂纹。

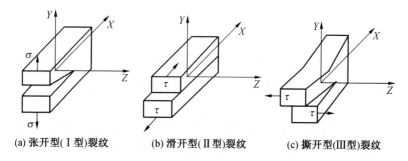

(a) 张开型(Ⅰ型)裂纹　　(b) 滑开型(Ⅱ型)裂纹　　(c) 撕开型(Ⅲ型)裂纹

图3-2　Ⅰ型、Ⅱ型、Ⅲ型裂纹示意图

由图 3-2 可以看出，各种类型裂纹受力的特点如下：Ⅰ型裂纹受垂直于裂纹面的拉应力作用；Ⅱ型裂纹受平行于裂纹面而垂直于裂纹前缘的剪应力作用；Ⅲ型裂纹受既平行于裂纹面又平行于裂纹前缘的剪应力作用。

如果裂纹同时受正应力和剪应力的作用，或裂纹与正应力成一角度，这时就同时存在Ⅰ型和Ⅱ型，或Ⅰ型和Ⅲ型，称为复合型裂纹。实际裂纹体中的裂纹可能是两种或两种以上基本型的组合[113]。

根据第2章采场底板岩体应力状态分析可知，底板岩层因受采动影响而产生的附加应力按照位置的不同划分为应力增高区、应力降低区和应力恢复区。在应力增高区，呈现前方受水平挤压，后方受水平引张的应力状态，从而导致煤层底板深部岩体产生原位节理、裂隙等结构面，产生垂直开裂，形成张裂隙；在应力降低区，底板膨胀形成张裂隙；在应力恢复区，主要为层向裂隙，沿层面以离层的形式出现，通常在采空区底板岩层与煤壁岩层受到反向力剪切力作用形成剪切裂纹。通常在实际开采过程中，底板岩体以复合型裂纹的形式出现。

3.2.2 裂纹起裂判据

早在20世纪20年代，Griffith于1921年和1924年就提出了固体材料的破坏理论，为脆性断裂力学奠定了基础。岩石力学兴起于20世纪60年代，人们开始了岩石断裂力学的研究，由于岩石通常在受压状态下工作，破裂多属压剪破坏，故本文在讨论裂纹的起裂判据时仅讨论压剪应力状态下支裂纹的起裂准则。

Parton利用Griffith能量准则首次分析了脆性材料压剪断裂过程中裂纹扩展方向与原生裂纹走向的关系。Lajtal认为裂纹受压剪应力作用时，除了受拉应力集中外还有压应力集中，并产生垂直于受力方向的正剪切裂纹。更多的学者是把线弹性断裂力学的现成理论直接用于岩石断裂力学，对压剪断裂解释为Ⅰ型和Ⅱ型的复合断裂，但受压应力作用所产生的负 K_1 值的物理意义一直没有合理的解释。Gdoutos和薛昌明在使用复合断裂的应变能密度理论求解压剪断裂的问题时，虽然回避了负 K_1 的矛盾，但他们发现理论解与试验值之间存在明显的误差；Lajtal和于骁中都指出，已有的能量判据不能反映拉应力与压应力的数学判别；周群力等认为负 K_1 对压剪断裂有遏制作用，结合莫尔－库仑强

度理论，建立了压剪断裂起裂准则

$$l_{12} \sum K_{\mathrm{I}} + \sum K_{\mathrm{II}} = \overline{K}_{\mathrm{II}c} \tag{3-1}$$

式中，l_{12}、$\overline{K}_{\mathrm{II}c}$ 需要由压剪断裂实验确定。

这一准则的实验依据是单边切口试件的压剪断裂试验，用同样的原理有

$$K_{\mathrm{II}} = \lambda\sigma + \overline{K}_{\mathrm{II}c} \tag{3-2}$$

这显然是莫尔－库仑理论的应力强度因子表达式。这一准则没有定量描述裂纹扩展方向的开裂角，只是定性地认为裂纹尖端将形成一定范围内的压剪断裂核，裂纹将沿"核"边界呈弧线扩展。实质上，这仅是一个线性经验准则，虽然在坝基岩体抗滑稳定分析中得到广泛的应用，但只限于研究单一边裂纹的压剪断裂，并不能用含组状裂隙岩体的断裂破坏直接联系起来。

大量实验结果和理论分析计算表明压剪裂纹开始起裂是沿最大拉应力方向开裂，显然是按Ⅰ型扩展的，下面按这一观点建立压剪状态下裂纹起裂准则。

受压剪应力作用的节理断裂，随着外部载荷的增加而经历压紧滑动摩擦分支裂纹起裂，最终导致裂隙的贯通，岩体失稳。如图3-3所示，在双向受压的无限大平板内（平面应力），有一侧斜裂纹其长度为 $2a$，其方位角可用 α 来表示[142]。这里应力正负号的确定，仍采用岩石力学中的规定。

$$\begin{cases} \sigma = \dfrac{\sigma_1 + \sigma_3}{2} - \dfrac{\sigma_1 - \sigma_3}{2}\cos 2\alpha \\ \tau = \dfrac{\sigma_1 - \sigma_3}{2}\sin 2\alpha \end{cases} \tag{3-3}$$

图3-4中 σ_1 为最大压应力，σ_3 为最小压应力，则裂隙面的正应力 σ_n 和剪应力 τ 为

$$\begin{cases} \sigma_n = \sigma_1 \sin a + \sigma_3 \cos a \\ \tau = \sigma_1 \cos a - \sigma_3 \sin a \end{cases} \tag{3-4}$$

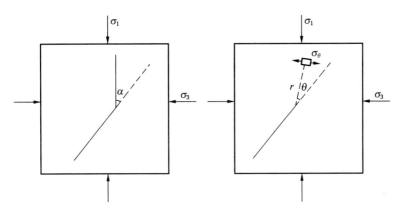

图3-3 裂隙岩体受力构元　　　　图3-4 裂纹尖端应力场

剪应力τ迫使裂隙滑动，如果裂隙面张开，则有效滑动驱动应力为

$$\tau' = |\tau| \tag{3-5}$$

如果裂隙面是闭合的或有充填，会产生一个摩擦力$f_j\sigma$抵抗这一滑动，这样有效滑动驱动应力为

$$\tau' = |\tau| - f_j\sigma - C_j \tag{3-6}$$

式中，f_j为第j组裂隙面的摩擦系数；C_j为第j组裂隙面的内聚力。

由于裂隙的存在，裂隙尖端产生应力集中，在原裂纹方向，应力场的奇异性主要受剪应力τ'支配，但在裂纹尖端与原裂纹成θ角方向上，往往由于仅有正应力作用而引起Ⅰ型裂纹扩展。如图3-4所示，在以裂纹尖端为坐标原点的极坐标系中（r，θ）处的σ_θ可表示为

$$\sigma_\theta = \frac{3}{2}\frac{\tau'\sqrt{\pi a}}{\sqrt{2\pi r}}\sin\theta\cos\frac{\theta}{2} \tag{3-7}$$

式中，τ'为原裂纹面的等效剪应力；a为原裂纹面的半迹长。

与主裂纹成θ角，长度为l的支裂纹的Ⅰ型应力强度因子，

可以通过式（3 - 7）得

$$K_{\mathrm{I}} = \frac{3}{2}\tau'\sqrt{\pi a}\sin\theta\cos\frac{\theta}{2} \qquad (3 - 8)$$

分支裂纹将沿着使 K_{I} 最大的方向扩展，因此，开裂角 θ 可用式（3 - 9）求得

$$\frac{\partial K_{\mathrm{I}}}{\partial \theta} = 0 \qquad (3 - 9)$$

求得 $\theta = 0.392\,\pi = 70.5°$，因此，可得支裂纹起裂时的应力强度因子为

$$K_{\mathrm{I}} = \frac{2}{\sqrt{3}}\tau'\sqrt{\pi a} \qquad (3 - 10)$$

3.3   采场损伤底板破坏深度确定

大量现场资料及理论研究表明，底板导水破坏带的形成并非底板岩体已进入塑性破坏阶段，而是由于底板岩体中的原始裂隙及采动裂隙在矿山压力作用下产生变形、摩擦滑动进而形成分支裂纹，最终裂隙间相互交错贯通、连接呈带状，从而使底板破坏深度加大。

3.3.1   压剪应力对损伤岩体裂纹扩展长度的影响

相关学者论述了压剪和压应力状态下分支裂纹扩展或聚合的现象，并在理论上进行了一些探讨。当外力 σ_1、σ_3 达到一定值时，原生裂纹面压紧滑动，并在尖端形成分支裂纹，其过程如图 3 - 5 所示，扩展裂纹理想化为直线并且平行于最大压应力方向。

裂隙面上的驱动力和法向力由式（3 - 6）得

$$\begin{cases} T_s = \tau - f\sigma - C \\ T_n = \sigma \end{cases} \qquad (3 - 11)$$

支裂纹上的牵引力为

$$\begin{cases} T_s^{\text{支}} = 0 \\ T_n^{\text{支}} = \sigma_3 \end{cases} \qquad (3 - 12)$$

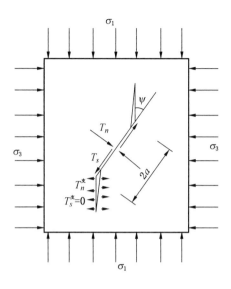

图 3-5　支裂纹扩展示意图

当原生裂纹面滑动时，裂纹面上的驱动力 T_s 做功，然后 T_n 并不做功，原因是滑动位移仅在原生裂纹面内；对于支裂纹，$T_n^{支}$ 做功。

当原生裂纹滑动时，分支裂纹张开，作用在长度 $2(l+a)$ 的直裂纹中心的垂直位移，产生应力强度因子 K_I^n [144] 为

$$K_I^n = \frac{B_n E_0 \delta_n}{(l+a)^{1/2}} (B_n = 0.4) \qquad (3-13)$$

剪切位移 δ_s 在分支裂纹尖端也产生 I 型应力强度因子[144]

$$K_I^s = \frac{B_s E_0 \delta_s}{(l+a)^{1/2}} (B_s \approx 1.0) \qquad (3-14)$$

经上述分析可知，裂纹起裂是沿着与原生裂纹成 70°角的方向开裂[146]，这时应看成式（3-14）中的 K_I^s，但当裂纹扩展大于长度 a 后，分支裂纹转向最大主应力方向，从这时起，分支裂纹的增长主要由楔形作用产生的应力强度因子 K_I^n 支配，由式

（3－13）可以求得。

这种变化可以通过将 K_I^s 乘上因子 $(1+L)^{1/2}$ 来实现[115]，这种假设只是在 $L\left(L=\dfrac{1}{a}\right)$ 较小时，对结果有所影响；当 L 较大时，对结果几乎没有影响。

这样，裂纹尖端总的应力强度可表述为

$$K_I = K_I^n + K_I^s / (1+L)^{1/2}$$

$$= \frac{\sqrt{a}}{(1+L)^{3/2}}\left(\frac{\alpha_1}{\alpha_3}T_s^{(原)} + \frac{\alpha_2}{2\alpha_3}\sigma_3 L\right)\left[B_n L + \frac{1}{(1+L)^{1/2}}\right] \quad (3-15)$$

式中，$T_s^{(原)}$ 为节理面上的驱动力；α_1、α_2、α_3 为系数。

当 $L=0$ 时，$\dfrac{\alpha_1}{\alpha_3} = \dfrac{2\sqrt{\pi}}{\sqrt{3}}$；当 $L \gg 0$ 时，$\dfrac{\alpha_2}{\alpha_3} = \dfrac{2\sqrt{\pi}}{B_n}$。代入式（3－16）可得分支裂纹增长过程中的应力强度因子[146]为

$$K_I = \frac{\sqrt{\pi a}}{(1+L)^{3/2}}\left(\frac{2}{\sqrt{3}}T_s^{(原)} + \frac{\sigma_3 L}{B_n}\right)\left[B_n L + \frac{1}{(1+L)^{1/2}}\right] \quad (3-16)$$

当 K_I 降至 K_{IC} 时，裂纹便停止扩展。

$$K_I = \frac{\sqrt{\pi a}}{(1+L)^{3/2}}\left(\frac{2}{\sqrt{3}}T_s^{(原)} + \frac{\sigma_3 L}{B_n}\right)\left[B_n L + \frac{1}{(1+L)^{1/2}}\right] = K_{IC}$$

$$(3-17)$$

K_{IC} 是岩石的断裂韧度，其值对特定岩石是一定值。

3.3.2 应力—损伤耦合状态下底板破坏深度的确定

岩石的垂直应力与水平应力依据式（2－1）、式（2－2）获得。由于煤层底板岩层不是一个完整的岩体，而是一个受到各种地质作用以后形成的损伤体。

假定岩体受到均匀损伤，损伤变量为 D，根据损伤力学的假设[116]，则地应力的垂直分量 σ'_v 和水平分量 σ'_h 分别为

$$\begin{cases} \sigma'_v = \gamma H / (1-D) \\ \sigma'_h = \dfrac{\upsilon}{1-\upsilon}\gamma H / (1-D) \end{cases} \quad (3-18)$$

根据矿山压力控制理论[149,150]，煤体支撑压力 σ_h 随深度 h 衰减的规律为

$$\sigma_h = K_{max}\gamma He^{-0.0167h} \qquad (3-19)$$

式中，K_{max} 为矿山压力最大集中系数；γ 为上覆岩层重力密度；H 为采深。

根据岩体断裂强度准则，当底板岩体高峰应力 σ_h 等于岩体断裂强度 $[\sigma_1]$ 时，底板导水裂隙带深度达到最大值。

裂纹分为裂隙面张开或闭合两种情况，结合式（3-3）~式（3-7），式（3-12）、式（3-13）、式（3-18）、式（3-19）可得：

（1）裂纹张开，若裂纹在压缩状态下张开，则裂纹面上有效剪应力不受摩擦阻力影响，即

$$T_s^{原} = |\tau| = \frac{\sigma'_v - \sigma'_h}{2}\sin2\varphi \qquad (3-20)$$

将式（3-20）代入式（3-17）得底板破坏深度为

$$h_1 = 59.88\ln\frac{K_{max}\gamma H\left[\dfrac{1}{\sqrt{3}(1-D)}\sin2\alpha + \dfrac{L}{B_n}\right]}{\dfrac{K_{IC}(1+L)^{3/2}}{\sqrt{\pi a}\left[B_nL + \dfrac{1}{(1+L)^{1/2}}\right]}} \qquad (3-21)$$

（2）裂隙面闭合，若裂纹在压缩状态下闭合，则裂纹两壁将产生反向剪应力（摩擦阻力）根据莫尔—库仑强度准则，反向剪应力 τ_0 大小为

$$\tau_0 = \sigma'_v\tan\varphi_0 + C_0 \qquad (3-22)$$

式中，C_0、φ_0 为岩石或岩体结构面的原始内聚力和内摩擦角。则

$$T_s^{原} = \frac{\sigma'_v - \sigma'_h}{2}\sin2\alpha - \sigma'_v\tan\varphi_0 - C_0 \qquad (3-23)$$

将式（3-23）代入式（3-17）得底板破坏深度为式（3-24）。

$$h_1 = 59.88\ln \cfrac{K_{\max}\gamma H \left\{ \dfrac{1}{\sqrt{3}(1-D)}\left[(\sin 2\alpha + \cos 2\alpha \tan\varphi_0) - \tan\varphi_0\right] + \dfrac{Lv}{B_n(1-v)} \right\}}{\dfrac{K_{Ic}(1+L)^{3/2}}{\sqrt{\pi a}\left[B_n L + \dfrac{1}{(1+L)^{1/2}}\right]} + \dfrac{2}{\sqrt{3}}C_0}$$

$$(3-24)$$

式中，K_{Ic} 是分支裂纹开始起裂的强度因子。

在考虑地应力、构造应力及损伤情况下，式（3-21）为未考虑裂隙面摩擦系数时，采场底板最大破坏深度理论公式；式（3-24）为考虑裂隙面摩擦系数时，采场底板最大破坏深度理论公式。

3.3.3 渗流－应力－损伤耦合底板破坏深度的确定

由于采动周期来压，煤层底板重复出现增压→卸压→恢复的状态，岩体连续性受到周期性破坏，引起底板岩体变形。同时，采动矿压不断向底板传递应力，矿山压力与底板水压力的联合作用下，底板岩体破坏加速，并使底板隔水层中原生裂隙、小断层重新活动，形成新的透水裂隙，底板岩体透水性发生改变，岩体强度降低。

本节在已有的研究基础上，运用断裂力学理论，考虑地下水渗透压力及地应力对裂隙扩展的影响，推导损伤底板最大破坏深度。

1. 地下水压力类型

底板岩体裂隙中地下水对岩体的作用力表现为静水压力和动水压力，合称渗透压力。

静水压力是孔隙水压力、裂隙水压力及浮托力的总称，为表面力，它作用在裂隙壁上，方向垂直于裂隙。任一单位面积上所承受的静水压力为

$$p_w = \gamma H_1 \qquad (3-25)$$

式中，γ 为地下水容重；H_1 为裂隙水水头高度，m。

动水压力是指地下水沿裂隙流动时，由流动阻力而产生的水压力，为一体积力。其方向与水流流向一致，动水压力为

$$p_d = \lambda J \qquad (3-26)$$

式中，J 为裂隙中水力梯度，其他符号同上。

2. 渗流－应力－损伤底板破坏深度的确定

底板岩体渗流—应力耦合模型采用裂隙—孔隙双重介质模型，即将岩体看作孔隙和裂隙组成的双重介质空隙结构，孔隙介质和裂隙介质处于同一渗流场内，形成连续介质系统。该系统内，体积上孔隙远大于裂隙，而透水性能上裂隙远优于孔隙，因此孔隙介质储水，裂隙介质导水，两种介质之间通过水流交换相联系[119]。

考虑裂隙水渗透压力作用：

（1）当裂隙水压力为静水压力时，裂隙面上有效正应力 σ 和 σ_n 的关系为

$$\sigma = \sigma_n - p_w = \frac{1}{2}\left[(\sigma_1 + \sigma_3) - (\sigma_1 - \sigma_3)\cos 2\alpha\right] - \gamma H_1 \quad (3-26)$$

考虑损伤的情况，将式（3-18）、式（3-19）代入式（3-27）得

$$\sigma = \frac{K_{max}\gamma H e^{-0.0167h_1}}{2(1-D)}(1-\cos 2\alpha) - \gamma H_1 \quad (3-28)$$

根据图 3-2 可知，

$$\begin{cases} \sigma'_1 = \sigma\sin\alpha \\ \sigma'_3 = \sigma\cos\alpha \end{cases} \quad (3-29)$$

将式（3-29）代入式（3-5）得

$$\tau = \sigma\sin\left(\alpha - \frac{\pi}{4}\right)\sin 2\alpha \quad (3-30)$$

①裂纹张开，不存在接触面上的反向剪应力，即

$$T_s^{原} = |\tau| = \left[\frac{K_{max}\gamma H e^{-0.0167h_1}}{2(1-D)}(1-\cos 2\alpha) - \gamma H_1\right]\sin\left(\alpha - \frac{\pi}{4}\right)\sin 2\alpha$$

$$(3-31)$$

$$\sigma'_3 = \left[\frac{K_{max}\gamma H e^{-0.0167h_1}}{2(1-D)}(1-\cos 2\alpha) - \gamma H_1\right]\cos\alpha \quad (3-32)$$

将式（3-31）、式（3-32）代入式（3-17）得静水压力下裂纹开裂状态损伤底板最大破坏深度为

$$h_1 = 59.88\ln \cfrac{K_{\max}\gamma H(1-\cos2\alpha)}{2(1-D)\left\{\cfrac{K_{IC}(1+L)^{3/2}}{\sqrt{\pi a}\left[B_n L+\cfrac{1}{(1+L)^{1/2}}\right]\left[\cfrac{2}{\sqrt{3}}\sin\left(\alpha-\cfrac{\pi}{4}\right)\sin2\alpha+\cfrac{L}{B_n}\cos\alpha\right]}+\gamma H_1\right\}}$$

$$(3-33)$$

②裂隙面闭合，若裂纹在压缩状态下闭合，则裂纹两壁将产生反向剪应力（摩擦阻力），根据莫尔—库仑强度准则，由式（3-32）、式（3-28）、式（3-29）得反向剪应力τ_0大小为

$$\tau_0 = \left[\frac{K_{\max}\gamma H e^{-0.0167h_1}}{2(1-D)}(1-\cos2\alpha)-\gamma H_1\right]\sin\alpha\tan\varphi_0 + C_0 \quad (3-34)$$

则

$$T_s^{原} = \tau - \tau_0 = \left[\frac{K_{\max}\gamma H e^{-0.0167h_1}}{2(1-D)}(1-\cos2\alpha)-\gamma H_1\right]\left[\sin\left(\alpha-\frac{\pi}{4}\right)\sin2\alpha-\tan\varphi_0\sin\alpha\right]-C_0$$

$$(3-35)$$

将式（3-32）、式（3-35）代入式（3-17）得静水压力下裂纹闭合状态的损伤底板最大破坏深度为

$$h_1 = 59.88\ln \cfrac{K_{\max}\gamma H\left\{\cfrac{1}{\sqrt{3}}(1-\cos2\alpha)\left[\sin\left(\alpha-\cfrac{\pi}{4}\right)\sin2\alpha-\tan\varphi_0\sin\alpha\right]+\cfrac{L}{2B_n}\left[1-\cos2\alpha\right]\right\}}{(1-D)\left\{\cfrac{K_{1c}(1+L)^{3/2}}{\sqrt{\pi a}\left[B_n L+\cfrac{1}{(1+L)^{1/2}}\right]}+\cfrac{2}{\sqrt{3}}\gamma H_1\left[\sin\left(\alpha-\cfrac{\pi}{4}\right)\sin2\alpha-\tan\varphi_0\sin\alpha\right]+\cfrac{2}{\sqrt{3}}C_0+\cfrac{L}{B_n}\gamma H_1\right\}}$$

$$(3-36)$$

（2）当裂隙水压力为动水压力时，须将动水压力换算为相应的面积力，以方便与裂隙面所受应力代数运算[120]，单裂隙的面积A和体积V的计算公式为

$$V = \frac{4\pi(1-v^2)}{E'\sigma} \int_0^a a' K_u^2(a') \, \mathrm{d}a' \qquad (3-37)$$

$$A = \frac{4}{E'\sigma} \int_0^a K_u^2(a') \, \mathrm{d}a' \qquad (3-38)$$

式中，K_u 为均匀拉伸应力 σ 作用下的应力强度因子；$E' = E$ 对应于平面应力状态，$E' = E/(1-v^2)$ 对应于平面应变状态；a' 是针对裂纹长度的积分变量。

因此，裂隙水压力为动水压力时，裂隙面上有效正应力 σ 和 σ_n 的关系为

$$\sigma = \sigma_n - p_d \frac{V}{A} = \frac{1}{2}\left[(\sigma_1 + \sigma_3) - (\sigma_1 - \sigma_3)\cos 2\beta\right] - \gamma J \frac{V}{A}$$
$$(3-39)$$

考虑损伤的情况，将式（3-18）、式（3-19）代入式（3-27）得

$$\sigma = \frac{K_{\max}\gamma H e^{-0.0167 h_1}}{2(1-D)}(1-\cos 2\alpha) - \gamma J \frac{V}{A} \qquad (3-40)$$

同上，裂隙水压力为动水压力时，也分为两种情况：

①裂纹张开，不存在接触面上的反向剪应力，即

$$T_s^{\text{原}} = |\tau| = \left[\frac{K_{\max}\gamma H e^{-0.0167 h_1}}{2(1-D)}(1-\cos 2\alpha) - \gamma J \frac{V}{A}\right]\sin\left(\alpha - \frac{\pi}{4}\right)\sin 2\alpha$$
$$(3-41)$$

$$\sigma'_3 = \left[\frac{K_{\max}\gamma H e^{-0.0167 h_1}}{2(1-D)}(1-\cos 2\alpha) - \gamma J \frac{V}{A}\right]\cos\alpha \qquad (3-42)$$

将式（3-41）、式（3-42）代入式（3-17）得动水压力下裂纹开裂状态损伤底板最大破坏深度为

$$h_1 = 59.88\ln\frac{K_{\max}\gamma H(1-\cos 2\alpha)}{2(1-D)\left\{\dfrac{K_{IC}(1+L)^{3/2}}{\sqrt{\pi a}\left[B_n L + \dfrac{1}{(1+L)^{1/2}}\right]\left[\dfrac{2}{\sqrt{3}}\sin\left(\alpha - \dfrac{\pi}{4}\right)\sin 2\alpha + \dfrac{L}{B_n}\cos\alpha\right]} + \gamma J \dfrac{V}{A}\right\}}$$
$$(3-43)$$

②裂隙面闭合，若裂纹在压缩状态下闭合，则裂纹两壁将产生反向剪应力(摩擦阻力)根据莫尔—库仑强度准则，由式(3-25)、式(3-31)、式(3-32) 得反向剪应力τ_0 大小为

$$\tau_0 = \left[\frac{K_{\max}\gamma H e^{-0.0167h_1}}{2(1-D)}(1-\cos2\alpha)-\gamma J\frac{V}{A}\right]\sin\alpha\tan\varphi_0 + C_0$$

$$(3-44)$$

则 $T_s^{原}$ 见式 (3-45)。

$$T_s^{原} = \tau - \tau_0 = \left[\frac{K_{\max}\gamma H e^{-0.0167h_1}}{2(1-D)}(1-\cos2\alpha)-\gamma J\frac{V}{A}\right]\left[\sin\left(\alpha-\frac{\pi}{4}\right)\sin2\alpha - \tan\varphi_0\sin\alpha\right] - C_0$$

$$(3-45)$$

将式(3-44)、式(3-45) 代入式(3-17) 得动水压力下裂纹闭合状态的损伤底板最大破坏深度为

$$h_1 = 59.88\ln\frac{K_{\max}\gamma H\left\{\dfrac{1}{\sqrt{3}}(1-\cos2\alpha)\left[\sin\left(\alpha-\dfrac{\pi}{4}\right)\sin2\alpha - \tan\varphi_0\sin\alpha\right] + \dfrac{L}{2B_n}(1-\cos2\alpha)\right\}}{(1-D)\left\{\left[\dfrac{K_{IC}(1+L)^{3/2}}{\sqrt{\pi a}\left[B_nL+\dfrac{1}{(1+L)^{1/2}}\right]}+\dfrac{2}{\sqrt{3}}\gamma J\dfrac{V}{A}\right]\left[\sin\left(\alpha-\dfrac{\pi}{4}\right)\sin2\alpha - \tan\varphi_0\sin\alpha\right] + \dfrac{2}{\sqrt{3}}C_0 + \dfrac{L}{B_n}\gamma J\dfrac{V}{A}\right\}}$$

$$(3-46)$$

由上面的推导可知，式(3-33)、式(3-36) 分别为静水压力下裂隙张开、裂隙闭合时采场底板最大破坏深度；式(3-43)、式(3-46) 分别为动水压力下裂隙张开、裂隙闭合时采场底板最大破坏深度。

在以上推导的损伤底板破坏深度计算公式中，涉及多个参数，多数参数可通过岩石力学试验、钻孔资料分析及矿山压力观测资料获取，而岩石损伤变量的定量描述是个难点。在以上推导

的底板破坏深度理论公式中，关键是损伤变量的获取。

3.4 损伤变量的确定

什么样的变量可作为损伤的变量[121]，如何用直接的或间接的、力学的或物理的方法来测量它们[122-125]是损伤力学中迄今为止一直存在争议的问题。通常情况下，损伤变量从微观与宏观两个方面可归纳为[126]：

（1）微观量度：孔洞的数目、长度、面积以及体积；孔洞的几何形状、排列与定向；由孔洞的几何形状、排列与定向确定的有效面积。

（2）宏观量度：弹性常数、蠕变率、应力与应变大小；屈服应力、拉伸强度；耐力限度、蠕变破坏时间；伸长度；质量密度；电阻、超声波速与声发射。

损伤变量通常有4种类型即标量型、矢量型、二阶张量型[127]和四阶张量型[128,129]。

经典定义的损伤 $D = \dfrac{A_d}{A}$，$D_e = 1 - \dfrac{E_{ef}}{E}$。从已有的文献来看，空隙面积的确定大都是在假定裂隙面为一理想平面的基础上，通过岩体分布裂隙的统计分析计算空隙面积，如此计算得出的结果其误差很难准确分析时由何种因素产生的，然而现在已经可以将损伤后的材料制成金相样品，然后采用图像自动识别与处理系统统计空隙面积的方法得到。这里的 D、D_e 反映的是各向同性损伤，而不能表征损伤的各向异性性质。对于塑性损伤，材料的实际损伤状态往往是微裂纹与微孔洞并存，那么 D 和 D_e 便不能准确反映这类损伤状态[130]。

声波试验法是一种综合反映岩体损伤特性的方法。岩体中的节理对超声波的反应非常敏感。根据弹性波速传播理论：弹性模量 E 和纵波速 V_p，横向波速 V_s，泊松比 υ 及介质密度 ρ 之间的关系[131]为

$$E = \frac{V_s^2 \rho (3V_p^2 - 4V_s^2)}{V_p^2 - V_s^2} \qquad (3-47)$$

取室内试验的岩石试件为岩体的无损材料，现场的工程岩体为有损材料，则损伤变量可以通过岩石试件和岩体的声波测试来确定。

D_p 也是依据材料的宏观量度来定义的损伤变量，其基本思想是视岩体为一黑箱体，不具体量测岩体的节理裂隙分布，根据地震波理论，岩体的 P 波波速不仅反映了岩体节理发育特征，而且还反映了岩体的力学特性，P 波波速计算公式为

$$V_{p0} = \frac{E_0(1-v_0)}{\rho_0(1+v_0)(1-2v_0)} \qquad (3-48)$$

而 V_p 则用 E、v、ρ 取代相应的 E_0、v_0、ρ_0，即

$$D_p = \frac{\rho_0 V_{p0}^2 - \rho V_p^2}{\rho_0 V_{p0}^2} \qquad (3-49)$$

式中，V_{p0}、ρ_0、E_0、v_0 分别为完整岩体的波速、质量密度、弹性模量、泊松比；V_p、ρ、E、v 分别为损伤岩体的波速、质量密度、弹性模量、泊松比[132]。

对岩石损伤特性的检测多采用声波检测、电镜分析等，声波检测难以对损伤的具体位置和大小做出合理的解释，电镜分析需要磨片处理，容易使材料的损伤受到人为的干扰，难以达到预期的分析目的。CT 技术能多方位地对岩石损伤特性进行识别，CT 扫描最大优点是一方面能对岩石进行无扰动的损伤检测，另一方面可以对岩石的损伤进行定量分析[133,134]。杨更社，谢定义[135]等研究得到

$$D_p = \frac{1}{m_0^2}\left[1 - \frac{E(\rho)}{\rho_0}\right] = -\frac{1}{m_0^2}\left|\frac{\nabla \rho}{\rho_0}\right| \qquad (3-50)$$

式中，m_0 为 CT 设备的分辨率；$E(\rho)$ 为岩石扫描截面积内 CT 数均值。

D_ρ 是通过测量损伤前后材料密度变化得到的，它所反映的

都是微孔洞与张开型微裂纹的效应，没能反映闭合微裂纹的效应，这是因为闭合微裂纹的体积趋于零。随着 CT 设备分辨率的提高，对材料内更细小的损伤缺陷都能得以识别。

近年来人们开始引入分形几何方法研究岩体结构面的分形特征，提出了采用分维来描述结构分布的复杂程度，得到岩体纵波速 V'_p 与分维值两者有很好的线性关系[136]：

$$V'_p = a - bD_f \qquad (3-51)$$

式中，a、b 为回归系数，各种岩体可通过数据回归等方法建立与纵波速相应关系方程。根据前面介绍弹性模量 E 与波速 V_p 的关系，可建立岩体损伤参量 D 与分形维数 D_f 的关系式：

$$D = \frac{\rho V_p^2 - \rho'(a - bD_f)^2}{\rho V_p^2} \qquad (3-52)$$

故只要知道岩块的波速值 V_p，室内岩块弹性模量，岩体和岩块密度及岩体结构的分维数，便可确定 D 值，为稳定性评价及数值模拟提供较为可靠的参数。

上述确定损伤变量的方法比较复杂，本文以新汶煤田良庄井田 51302 工作面为例，分别结合岩石力学参数及底板损伤指数法尝试给出底板岩体的损伤变量。

3.4.1 良庄井田概况

良庄井田位于新汶煤田的中部。生产矿井在新汶办事处境内，井田地面范围分别属翟镇、平阳办事处、新汶办事处所管辖。地理坐标为东经 117°38′ 至 117°42′，北纬 35°52′ 至 35°56′。勘探区位于良庄井田北部，F_{10} 断层以北，地跨翟镇矿东南部和孙村矿西部，勘探面积约 12.1 km²，交通条件十分便利。

主要含煤地层是山西组和太原组。主要开采煤层为上组煤的 1 煤、2 煤、4 煤、6 煤和下组煤的 11 煤、13 煤和 15 煤。上组煤开采已经接近尾声，主要开采下组煤。

51302 工作面位于 -580 m 水平五采区东翼，为五采区 13 煤的首采工作面。该工作面走向长 690 m，倾斜宽 165 m，工作面

上巷标高 $-428.7 \sim -440.6$ m，下巷标高 $-467.0 \sim -488.1$ m。对应地面标高 $+186.8$ m，工作面埋深 $613.8 \sim 669.8$ m。

该面总体为一单斜构造，局部表现为小褶曲，对正常回采影响不大。煤层走向北西，倾向北东，平均倾角 12°。工作面内揭露构造主要有 13 条断层，影响 13 煤开采的主要含水层是顶板四灰含水层和 13 煤底板以下的本溪组徐灰含水层、草灰含水层和灰岩含水层。四灰含水层为 13 煤直接顶板，基本无水，主要在构造破坏带附近有少量淋水或滴水。徐灰含水层、草灰含水层之间主要为黏土岩、粉砂岩，局部夹细砂岩，可视为一个非均质综合含水层。灰岩厚度大于 800 m，为厚层质纯石灰岩。

13 煤底到徐灰含水层之间岩性主要以粉砂岩、细砂岩为主，可视为一个隔水层。底板柱状图如图 3-6 所示。

3.4.2 基于力学参数的损伤变量计算

1. 底板各岩层应力—应变特征

以良庄井田 51302 工作面为例，开采 13 煤层，取 13 煤层底到徐灰含水层的 7 个岩层做岩石单轴抗压强度和岩石常规三轴压缩试验。

1）岩石单轴抗压强度试验

岩石单轴抗压强度按颁布岩石试样标准进行，首先将从钻孔中采集的各岩层试样加工成标准岩石试件，加工后的试件形状为圆柱形，每组试验的试件数为 2～3 个。试验在 WE-1000C 型液压式万能试验机上进行。

单个试件的单向抗拉强度 R_t 为

$$R_t = \frac{2P}{\pi \phi t} \qquad (3-53)$$

式中，P 为试件破坏载荷，kN；ϕ 为试件直径，cm；t 为试件厚度，cm。

每组试验的平均抗拉强度即为每种岩石的抗拉强度。

各岩层岩石的单向抗拉强度试验结果见表 3-2。

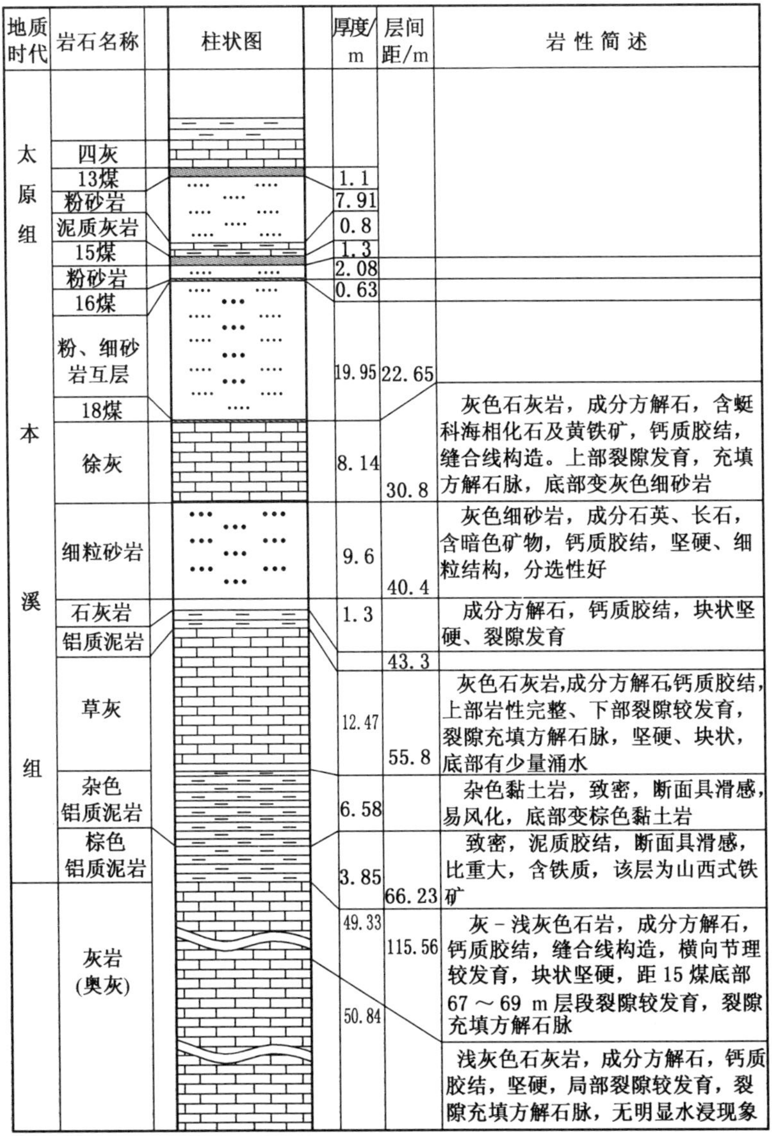

地质时代	岩石名称	柱状图	厚度/m	层间距/m	岩性简述
太原组	四灰				
	13煤		1.1		
	粉砂岩		7.91		
	泥质灰岩		0.8		
	15煤		1.3		
	粉砂岩		2.08		
	16煤		0.63		
本溪组	粉、细砂岩互层		19.95	22.65	
	18煤				
	徐灰		8.14	30.8	灰色石灰岩，成分方解石，含蜓科海相化石及黄铁矿，钙质胶结，缝合线构造。上部裂隙发育，充填方解石脉，底部变灰色细砂岩
	细粒砂岩		9.6	40.4	灰色细砂岩，成分石英、长石，含暗色矿物，钙质胶结，坚硬、细粒结构，分选性好
	石灰岩		1.3	43.3	成分方解石，钙质胶结，块状坚硬、裂隙发育
	铝质泥岩				
	草灰		12.47	55.8	灰色石灰岩,成分方解石钙质胶结，上部岩性完整、下部裂隙较发育，裂隙充填方解石脉，坚硬、块状，底部有少量涌水
	杂色铝质泥岩		6.58		杂色黏土岩，致密，断面具滑感，易风化，底部变棕色黏土岩
	棕色铝质泥岩		3.85	66.23	致密，泥质胶结，断面具滑感，比重大，含铁质，该层为山西式铁矿
	灰岩（奥灰）		49.33	115.56	灰-浅灰色石岩，成分方解石，钙质胶结，缝合线构造，横向节理较发育，块状坚硬，距15煤底部67～69 m层段裂隙较发育，裂隙充填方解石脉
			50.84		浅灰色石灰岩，成分方解石，钙质胶结，坚硬，局部裂隙较发育，裂隙充填方解石脉，无明显水浸现象

图 3-6　良庄井田 51302 工作面地层综合柱状图

表3-2　各岩层岩石的单轴压缩试验结果

岩层编号	岩性	直径/mm	层位/m	编号	高度/mm	破坏载荷/kN	强度极限/MPa	平均强度/MPa	弹性模量/MPa	平均弹模/MPa	泊松比	平均泊松比
1	粉砂岩	50	43.4~43.5	3-01	39.8	27.803	14.16	14.16	1033.73	1033.73	0.316	0.316
2	细砂岩	50	45.1~46.2	4-01	49.24	99.24	50.546	56.02	5829.49	6647.015	0.219	0.212
				4-02	86.91	120.37	61.493		7464.54		0.205	
3	粉砂岩（灰色）	50	62.1~63.37	6-01	72.61	54.874	27.948	28.995	4794.92	5418.855	0.201	0.1995
				6-02	89.54	58.985	30.042		6042.79		0.198	
4	粉细砂岩	50	63.64~63.8	7-01	77.72	115.587	58.869	58.869	12323.38	12323.38	0.192	0.192
5	中砂岩	50	66.4~68.40	8-01	55.87	56.078	28.561	33.459	7425.25	8923.04	0.217	0.2125
				8-02	89.82	75.311	38.357		10420.83		0.208	
6	粉砂岩	50	72.34~74.71	9-01	53.14	76.428	38.926	39.926	6512.545	6512.545	0.231	0.231
7	石灰岩（徐灰）	50	76.6~85.43	10-01	61.46	42.948	21.874	21.847	5208.716	5208.716	0.242	0.242

表3-3　各岩层岩石的三轴压缩试验结果

岩层编号	岩性	直径/mm	编号	层位/m	高度/mm	围压/MPa	破坏载荷/kN	三轴强度极限/MPa	残余强度/MPa	全应力应变曲线图号
1	粉砂岩	50	3-1	43.4~43.5	39.6	1	64.49	33.845	31.94	图3-7
2	细砂岩	50	4-1	45.1~46.2	73.54	1	189.45	97.486	33.24	图3-8
3	粉砂岩（灰色）	50	6-1	62.1~63.37	48.8	1	74.345	38.865	37.6	图3-9
			6-2		80.44	2	122.16	64.218	35.87	图3-10
4	粉细砂岩	50	7-1	63.64~63.80	83.3	1	167.99	86.558	37.66	图3-11
5	中砂岩	50	8-1	66.4~68.40	46.31	1	85.854	44.727	42.14	图3-12
			8-2		85.7	2	142.37	74.513	42.71	图3-13
6	粉砂岩	50	9-1	72.34~4.71	54.8	1	108.15	56.081	43.89	图3-14
7	石灰岩（徐灰）	50	10-1	76.6~85.43	54.8	1	85.197	44.392	43.26	图3-15

2）岩石常规三轴压缩试验

为研究该矿各岩层岩石的三轴压缩特性，得出其在不同围压下的抗压强度、残余强度、内聚力 C 及内摩擦角 φ 值，在 MTS815 岩石伺服试验系统上对各岩层进行常规三轴压缩试验。各岩层岩石的三轴压缩试验结果见表 3-3。

以 1 号岩层粉砂岩为例，结合三轴实验结果，计算得出岩石的 C、φ 值。

（1）$\sigma_1 - \sigma_3$ 线性回归方程为 $\sigma_1 - \sigma_3 = 14.16 + 18.685\sigma_3$，线性相关系数为 $\rho = 1$。

（2）内摩擦角 φ 及内聚力 C 的计算方程为 $\tau = \sigma \tan\varphi + C$，三轴试验线性回归方程为 $\sigma_1 - \sigma_3 = \sigma_3 \tan\alpha + k$。

其中，φ 为岩石内摩擦角；C 为岩石内聚力；$\tan\alpha$ 为线性回归方程的斜率；k 为线性回归方针的纵轴截距。

根据莫尔应力圆关系可导出 φ、C 的计算公式为

$$\varphi = 2\tan^{-1}\sqrt{\tan\alpha + 1} - 90° \tag{3-54}$$

$$C = \frac{k(1 - \sin\varphi)}{2\cos\varphi} \tag{3-55}$$

其他各岩层 C、φ 值计算同上，各岩层 C、φ 值计算结果见表 3-4，全应力应变曲线如图 3-7 至图 3-15 所示。

表 3-4 各岩层 C、φ 值计算结果

岩层编号	岩性	层位/mm	$\sigma_1 - \sigma_3$ 线性回归方程	相关系数 ρ	C/MPa	φ/(°)
1	粉砂岩	43.4~43.5	$\sigma_1 - \sigma_3 = 14.16 + 18.685\sigma_3$	1	1.59575	49.5968
2	细砂岩	45.1~46.2	$\sigma_1 - \sigma_3 = 60.1117 + 28.19\sigma_3$	0.9698	5.56303	54.0274
3	粉砂岩（灰色）	62.1~63.37	$\sigma_1 - \sigma_3 = 26.415 + 16.6115\sigma_3$	0.9657	3.14713	48.1941

表 3-4（续）

岩层编号	岩性	层位/mm	$\sigma_1 - \sigma_3$ 线性回归方程	相关系数 ρ	C/MPa	φ/(°)
4	粉细砂岩	63.64~63.8	$\sigma_1 - \sigma_3 = 58.869 + 26.689\sigma_3$	1	5.59375	53.4796
5	中砂岩	66.4~68.40	$\sigma_1 - \sigma_3 = 30.3727 + 19.527\sigma_3$	0.9645	3.35189	50.1067
6	粉砂岩	72.34~4.71	$\sigma_1 - \sigma_3 = 39.4433 + 16.603\sigma_3$	0.9987	4.70057	48.1879
7	石灰岩（徐灰）	76.6~85.43	$\sigma_1 - \sigma_3 = 23.666 + 16.1415\sigma_3$	0.982	2.85807	47.8425

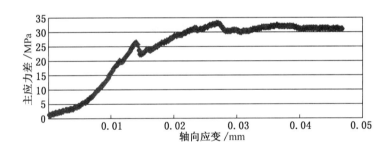

图 3-7　1号岩层粉砂岩1MPa三轴压缩全应力应变曲线

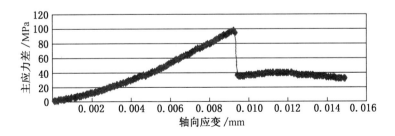

图 3-8　2号岩层细砂岩1MPa三轴压缩全应力应变曲线

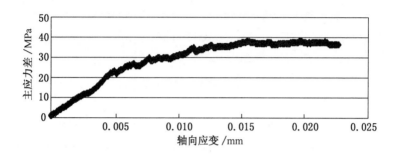

图 3 – 9　3 号岩层粉砂岩 1MPa 三轴压缩全应力应变曲线

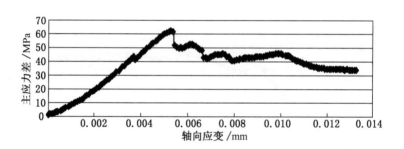

图 3 – 10　3 号岩层粉砂岩 2MPa 三轴压缩全应力应变曲线

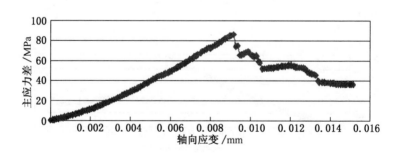

图 3 – 11　4 号岩层粉细砂岩 1MPa 三轴压缩全应力应变曲线

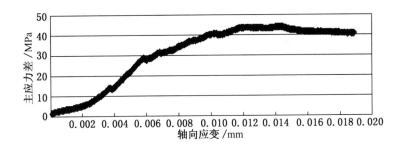

图 3-12 5 号岩层中砂岩 1MPa 三轴压缩全应力应变曲线

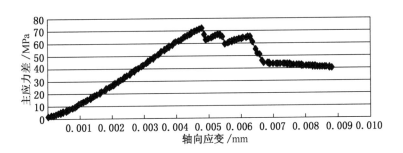

图 3-13 5 号岩层中砂岩 2MPa 三轴压缩全应力应变曲线

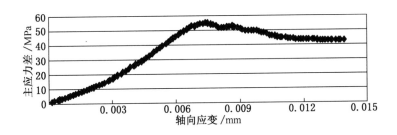

图 3-14 6 号岩层粉砂岩 1MPa 三轴压缩全应力应变曲线

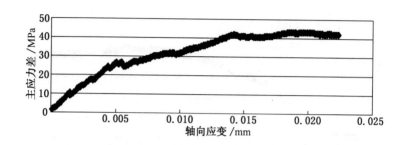

图 3 – 15　7 号岩层石灰岩（徐灰）1MPa 三轴压缩全应力应变曲线

2. 损伤变量计算

底板岩体损伤度的确定是一个难点，赵锡宏教授[137]通过土的三轴损伤特性研究提出了确定初始损伤的方法，许宝田[138]应用该方法确定了泥岩的初始损伤点。本文在此基础上，利用岩石三轴力学实验取得的参数，将多种岩性组合的底板岩体损伤度进行量化。

根据等效应力假定[139-141]，得出

$$\sigma = \sigma^* (1 - D) \qquad (3-56)$$

式中，σ 为名义应力；σ^* 为有效应力；D 为损伤变量。

假定岩石微元强度 F^* 服从 Weibull 分布，则其概率密度函数可以表示为

$$P[F^*] = \frac{m}{F_0} \left(\frac{F^*}{F_0} \right)^{m-1} \cdot \exp\left[-\left(\frac{F^*}{F_0} \right)^m \right] \qquad (3-57)$$

式中，F^* 为微元破坏 Weibull 分布的分布变量；m、F_0 为模型参数。

则损伤变量 D 可以表示为

$$D = \int_0^{F^*} P(y) \mathrm{d}y = 1 - \mathrm{e}^{\left[-(F^*/F_0)^m \right]} \qquad (3-58)$$

要计算损伤变量 D 首先要确定微元强度 F^*。

曹文贵[139]结合岩石的破坏模式与判据，提出的岩石微元强

度表示方法，假设岩石的破坏准则为

$$F^* = f(\sigma^*) \qquad (3-59)$$

上式为与岩石强度有关的函数。假设岩石微元体破坏服从莫尔—库仑强度准则：

$$\sigma_1^* - \frac{1 + \sin\varphi}{1 - \sin\varphi}\sigma_3^* = \frac{2C\cos\varphi}{1 - \sin\varphi} \qquad (3-60)$$

C、φ 分别为岩石的内聚力和内摩擦角。F^* 全面反映了岩石微元破坏的危险程度，可作为岩石微元的强度为

$$F^* = \sigma_1^* - \alpha\sigma_3^* \qquad (3-61)$$

式中，$\alpha = \dfrac{1 - \sin\alpha}{1 + \sin\alpha}$；$\sigma_1^*$、$\sigma_3^*$ 为有效应力。

σ_1^*、σ_3^* 表达式为

$$\begin{cases} \sigma_1^* = \sigma_1/(1 - D) \\ \sigma_3^* = \sigma_3/(1 - D) \end{cases} \qquad (3-62)$$

采用文献[140,141]中的方法确定参数 m、F_0，根据文献[140]中的研究结果，对于模型参数 m、F_0，F_0 反映岩石宏观平均强度的大小，m 则反映岩石的脆性度。

$$F_0 = F_c m^{\frac{1}{3}} \qquad (3-63)$$

式中，F_c 为峰值下的 F^* 值。

$$m = 1/\ln\left[E\varepsilon_c/(\sigma_c - 2\upsilon\sigma_3)\right] \qquad (3-64)$$

式中，E 为弹性模量；ε_c、σ_c 为峰值下的应变、应力；υ 为泊松比。

结合岩石力学试验获得的参数值，根据式(3-58)～式(3-64) 可知计算底板各个岩层损伤变量的公式为

$$D = 1 - \frac{\sigma_c - 2\upsilon\sigma_3}{E\varepsilon_c} \qquad (3-65)$$

根据岩层的应力应变曲线可以求出 ε_c、σ_c。

以1号岩层的粉砂岩为例，根据 $\sigma_1 - \sigma_3 = 14.16 + 18.685\sigma_3$，可得 $\sigma_c = 14.14$ MPa；根据图 3-7 可知 $\varepsilon_c = 0.02676$，代入式

（3－65）可得 $D=0.511$。表3－5为良庄井田51302工作面13煤底到徐灰含水层间的各个岩层参数值及根据式（3－65）计算的底板损伤变量。

利用式（3－66）加权平均法计算采场底板损伤变量。

$$D = \frac{h_1 D_1 + h_2 D_2 + \cdots + h_n D_n}{h_1 + h_2 + \cdots + h_n} \qquad (3-66)$$

式中，h_1 为煤层厚度，m；D_n 为各煤层对应的损伤变量或损伤变量平均值。

根据表3－5给出各岩层参数及计算出的损伤变量，利用式（3－66）可以得到51302工作面底板的损伤变量为 $\overline{D}=0.420$。

表3－5　51302工作面各岩层参数及损伤变量

岩层编号	岩　性	厚度/m	σ_3/MPa	ε_c	σ_c/MPa	D
1	粉砂岩	10	1	0.02676	14.16	0.511
2	细砂岩	3	1	0.010527	60.1117	0.147
3	粉砂岩(灰色)	17	1	0.007054	26.415	0.231
			2	0.005654	26.415	0.250
4	粉细砂岩	10	1	0.007667	58.869	0.381
5	中砂岩	9	1	0.01078	30.3727	0.626
			2	0.00768	30.3727	0.631
6	粉砂岩	4	1	0.00749	39.4433	0.192
7	石灰岩(徐灰)	10	1	0.01317	23.666	0.662

3.4.3　底板岩体损伤指数法确定损伤变量

本文根据岩体初始损伤特征中的初始细观损伤和初始宏观损伤，尝试给出底板损伤变量的定量计算。损伤概率指数法是一种结合现场实际及专家、现场工作人员的经验来预测采场底板损伤的一种新方法，考虑了多种因素对损伤变量的综合影响，使得确定的损伤变量值具有可靠性。计算过程经过计算机程序化后，具有很强的可操作性，现场应用十分方便。

1. 底板岩体损伤指数法的基本思路

底板岩体损伤指数是指应用赋权的方法，将底板岩体初始细观损伤和初始宏观损伤的各种影响因素在底板岩体损伤指数法中进行定量化，通过一定的数学模型求得底板岩体损伤变量。

2. 求底板岩体损伤变量的基本步骤

（1）根据底板岩体初始损伤特征，找出导致底板岩体损伤的主要因素，如底板岩体初始细观损伤和底板岩体宏观损伤。

（2）找出主要因素的次级影响因素，如影响底板岩体初始细观损伤的孔隙、颗粒边界及界面裂纹，微裂纹等。

（3）再找出次级影响因素的基本影响因素，如断层的落差、倾角等。如果进一步细化，则依次类推。

（4）根据岩石的特性及专家经验给出各个影响因素的损伤概率指数。如给出砂岩、粉砂岩、泥岩和灰岩等不同岩性的不同损伤概率指数，其他的类似。

（5）建立求底板岩体损伤变量的数学模型，最简单的是用赋权求和模型。

（6）将所有影响因素的概率指数代入建立的模型，求出底板岩体的损伤度。

图 3 - 16 为求煤层底板岩体损伤变量的流程。

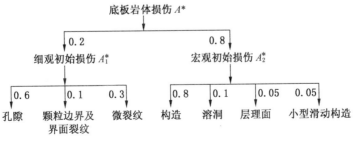

图 3 - 16　底板岩体损伤变量流程图

此流程给出了影响底板岩体损伤的因素：细观初始损伤、宏观初始损伤，并根据对底板损伤变量影响的大小，给出在底板岩体损伤中的权重分别为 0.2、0.8。其中，细观初始损伤包括孔隙、颗粒边界及界面裂隙、微裂纹，根据岩性及专家经验给出其在细观初始损伤中所占的权重分别为 0.6、0.1、0.3；宏观初始损伤包括构造、溶洞、层理面及小型滑动构造，其对宏观初始损伤的权重分别为 0.8、0.1、0.05、0.05。

影响煤层底板初始损伤的因素主要有孔隙、颗粒边界及界面裂纹、微裂隙，而煤层底板岩体常见的岩石类型有砂岩、粉砂岩、泥岩、石灰岩等。根据上面的描述及专家、现场工作人员经验，分别给出这几类岩石关于细观初始损伤影响因素的权重，如图 3 - 17 所示。

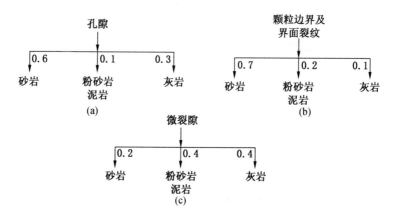

图 3 - 17　细观初始损伤影响因素权重

同理，以下给出关于宏观初始损伤各个影响因素的权重，如图 3 - 18 所示。

3. 应用实例

结合良庄井田 51302 工作面，具体体会一下底板损伤概率指数法。在良庄井田 51302 工作面做过大量的工作，对底板岩体的情况比较熟悉，具有应用底板损伤概率指数预测该工作面底板岩体损伤变量的基础。

根据上述流程，利用 VB 编程语言的优点，建立底板损伤概率的计算模型，相关界面及流程如图 3 - 19 所示。该模型操作简单、计算速度快、精度高，免去人为计算量大且易出错的弊端。

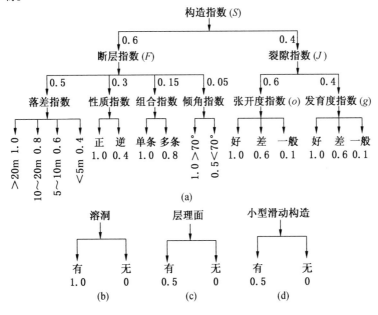

图 3 - 18　宏观初始损伤影响因素权重

点击底板岩体损伤度，出现细观初始损伤和宏观初始损伤两个按钮，如图 3 - 19b 所示。

点击细观初始损伤，出现以下界面，如图 3 - 19c 所示。

就良庄井田 51302 工作面而言，13 煤层到徐灰含水层间的砂岩、粉砂岩和泥岩、灰岩厚度分别为 12 m、41 m、10 m，根据

上述流程，得出砂岩、粉砂岩和泥岩、灰岩的损伤度分别为
0.301、0.292、0.40，最后再根据流程得出岩石的最终细观初始
损伤度为0.297。

点击宏观损伤，出现以下界面，如图3-19d所示。

根据51302工作面的断层性质，岩体裂隙性质，得出岩体断
层损伤度、岩体裂隙损伤度，得出岩体构造损伤度；根据底板岩
体溶洞、层理面、小型滑动构造的有无情况，得出岩体溶洞损伤
度、岩体层理面损伤度、岩体小型滑动构造度分别为0、0.5、
0，得出51302工作面的底板岩体宏观初始损伤为0.4606。最后
得出底板岩体的损伤变量为0.427。

本文首次尝试利用底板岩体损伤指数法将底板岩体损伤度量
化。底板岩体损伤指数法能将底板岩体损伤度很好的和底板岩体

(a)

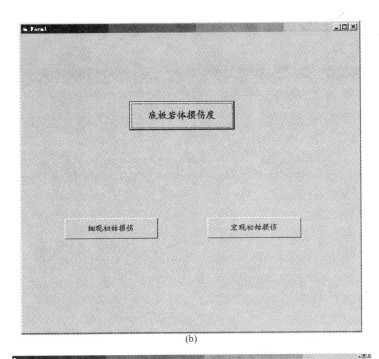

(b)

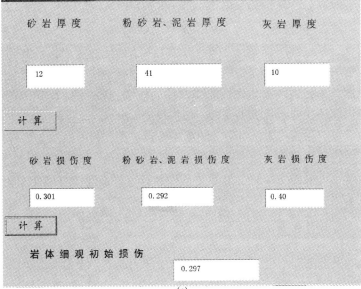

(c)

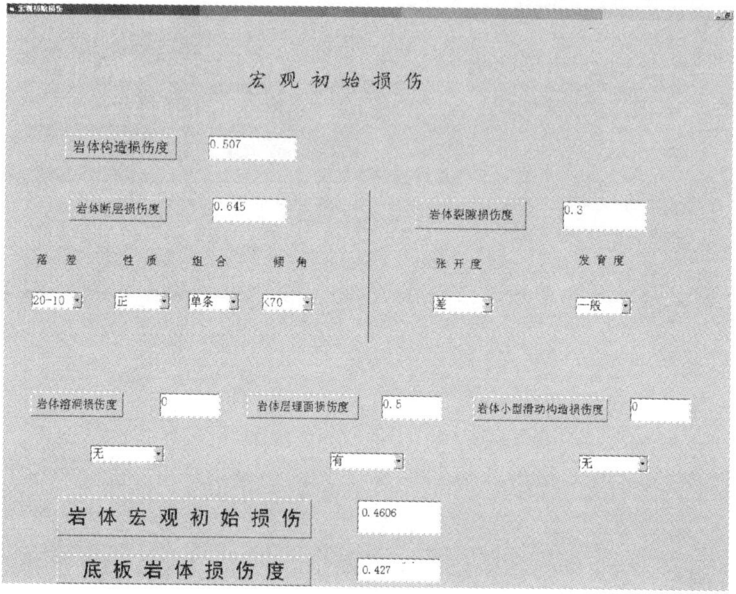

(d)

图 3-19 底板损伤概率计算软件

岩性、断层性质、裂隙性质、有无溶洞、岩层裂隙面、小型滑动构造等比较直观的地质现象联系起来，根据地质规律及专家判断给出各个影响因素对底板岩体损伤的概率指数。通过 VB 编程，可以简便快捷地计算出底板岩体损伤度。

以上用两种方法计算 51302 工作面损伤底板的损伤变量值接近，说明用两种方法确定损伤变量都是可行的。在做岩石力学试验时，可根据获得的力学参数直接进行计算；若没有做实验时，可采用底板损伤指数法获得。

3.5 应用实例

以上分别给出了损伤底板破坏深度的理论公式和损伤变量的

计算方法。下面在新汶煤田良庄井田 51302 工作面及肥城煤田白庄井田 7105 工作面利用上述方法计算采场底板破坏深度。

3.5.1 51302 工作面底板破坏深度确定

51302 工作面底板的岩层主要是粉砂岩、砂岩和灰岩，其中徐灰是重要的含水层，动水补给条件良好。但煤层底部到徐灰含水层间可以看做是一个隔水层，不考虑动水的影响。在计算其底板破坏深度时采用式（3-24）进行计算。

51302 工作面位于 -580 m 水平五采区东翼，为五采区 13 煤层的首采工作面。该面走向长 690 m，倾斜宽 165 m，采深 $h = 640$ m。13 煤层距徐灰含水层 $M_1 = 40$ m 左右，距奥灰含水层 $M_2 = 78$ m 左右。

根据钻孔资料分析及矿山压力观测资料，矿山压力应力集中系数 $K_{max} = 2.8$，通过加权平均法计算获得上覆岩层平均密度 $\gamma = 2.8 \times 10^4$ N/m^3。根据岩石力学测试，获得工作面底板内摩擦角 $\varphi = 50.2046°$；根据实验分析 $\sigma_{1c} = 13.05$ MPa；根据相关实验室实验分析 $K_{1c} = 13.05$ MPa；通过对工作面的裂隙统计，大多数为 $a = 0.1$ m，即在断层破碎带附近；$D = 0.42$；$C_0 = 3.83$ MPa。将参数代入式（3-24）可以得出 51302 工作面底板最大破坏深度为 35.6 m。

3.5.2 7105 工作面底板破坏深度确定

肥城煤田白庄井田 7105 工作面为 -430 m 水平的第一个工作面，开采深度平均为 520 m，工作面斜长 80 m，工作面长度 400 m 左右。根据钻孔资料分析及矿山压力观测资料，矿山压力集中系数 $K_{max} = 2.9$；通过加权平均法计算获得上覆岩层平均密度 $\gamma = 3.3 \times 10^4$ N/m^3；通过岩石岩性对比，获得底板内摩擦角 $\varphi = 48.5°$；根据实验分析 $K_{1c} = 9$ MPa；通过对工作面裂隙的统计，大多数为 $a = 0.2$ m；利用底板岩体损伤指数法获得 $D = 0.35$；$C_0 = 2.42$ MPa。将参数代入式（3-24）可以得出 7105 工作面的底板最大破坏深度为 21.03 m。

3.6　本章小结

基于底板岩体是损伤岩体的认识，重点对损伤底板破坏深度及底板损伤变量进行了较为深入的理论研究，得出以下结论：

（1）以裂纹起裂判据为基础，结合矿山压力控制理论，分别推导了受应力——损伤耦合作用底板裂纹在张开和闭合状态下底板破坏深度理论计算公式；静水压力和动水压力条件下受应力—渗流—损伤耦合作用底板破坏深度理论计算公式，首次将损伤变量 D 引入到损伤底板破坏深度的公式中。

（2）提出了两种方法计算损伤变量：一是在岩石力学试验的基础上，通过获得的力学参数，给出了多种岩性组合条件下的煤层底板损伤变量 D 的计算方法；二是结合地质条件、现场实测及专家经验，给出了损伤变量指数法定量计算损伤变量 D 的方法。以新汶煤田良庄井田 51302 工作面底板为例，证明了两种方法来计算获得的损伤变量，得到的损伤变量 D 值相近。

（3）将损伤变量计算方法及损伤底板破坏深度公式应用在新汶煤田良庄井田 51302 工作面及肥城煤田白庄井田 7105 工作面，得出底板破坏深度分别为 35.6 m 和 21.03 m。

4 基于应力－渗流－损伤耦合分析的底板破坏深度研究

通常岩体所处的地质环境中，除了岩体系统内具有初始地应力、构造应力外，还受地下水的影响。应力场、渗流场和损伤场相互影响，岩体内的裂隙长度和扩展方向发生变化，是岩体系统内应力场对损伤场的影响；裂隙结构改变了地下水的运移通道，是岩体系统内应力场对渗流场的影响；岩体系统内地下水通过物理的、化学的和力学的作用也改变岩体的裂隙结构，施加给岩体以静水压力和动水压力，是岩体系统内渗流场对应力场的影响。应力场、损伤场和渗流场之间的关系如图 4－1 所示。

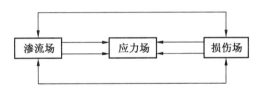

图 4－1　三场关系图

从图 4－1 可以看出，研究裂隙岩体系统的渗流场与损伤场的耦合问题，应力场是必不可少的。在一定时期内，渗流场与损伤场积极参与到应力场之中使岩体处于一种平衡状态。研究岩体系统内渗流场与损伤场耦合的水力学问题，是当今岩体水力学的一项重要课题[146]。

裂隙岩体渗流场与应力场的耦合问题，国外在 20 世纪 60 年代就开始了此方面的研究，法国岩石力学专家 Louis 于 1974 年根据某坝址钻孔抽水试验资料分析，得出了渗透系数与正应力的经验公式；之后，德国的 Erichscn 于 1987 年从岩体裂隙压缩或剪切变形出发，建立了应力与渗流之间的耦合关系；Oda 于 1986 年由裂隙几何张量来统一表达岩体渗流与变形之间的关系；Nolte 于 1989 年建立了用裂隙压缩量有关的指数公式描述裂隙渗流与应力之间的关系；Noorishad 于 1982 年和 1984 年也提出了岩体渗流要考虑应力场的作用，他以 Biot 固结理论为基础，把多孔弹性介质的本构方程推广到裂隙介质的非线性形变本构关系，研究渗流与应力的关系。国内是从 20 世纪 80 年代起步，张有天、陶振宇、刘继山、常晓林和王恩志等许多研究者做过此方面的工作，并取得了一定的成果；康红普做了大量实验研究沉积岩抗压强度，研究发现水对岩石强度弱化程度需考虑岩石本身物理性质、初始状态、含水率、容重及应力状态等影响因素，但研究中未将岩体所含裂隙影响考虑在内。同时，有些学者也针对裂隙对岩石强度的影响做了相关理论研究，如范景伟等对含定向闭合断续节理岩体的强度特性作了较详细的研究，并从理论上推导出了含节理岩体的强度公式；王桂尧等利用实验观测到节理岩体的软弱结构面的方向和长度对岩体的强度会产生重要的影响。

本章在介绍渗流变化、采动应力变化、岩石开裂、岩体损伤的耦合作用的基础上，利用 RFPA 软件对底板破坏深度进行数值模拟。

4.1 岩石应力–渗流–损伤耦合作用分析

煤层在采动条件下，煤层底板岩体处在应力–应变过程中，渗透性发生变化，渗流也对岩体的应力、应变产生影响。

4.1.1 裂隙岩体渗流特征

裂隙岩体的特点是岩体内存在大量的节理、裂隙，而且节理裂隙往往是成组展布的。这些节理裂隙的规模不大，小到几十厘米，大到几米，但节理裂隙的存在大大改变了岩体的力学性质，使得岩体的变形模量和强度参数降低，并呈现各向异性。概括而言，岩体的渗流特征主要表现为不均匀性、各向异性。下面分 3 个方面加以讨论[142]。

1. 岩体渗流通道的复杂性

地下水是储存并运动于岩石裂隙结构面中的，由于这些裂隙的大小、形状和连通程度的变化，岩体的渗流通道是十分复杂的。对于裂隙为主的等效连续介质，关键是通过现场地质调查，弄清岩体内各类裂隙节理的特征及组合关系。

对于准多孔介质，人们在研究岩体渗流规律时，并不去研究每个实际通道中水流的运动特点，而是研究岩体内平均水流通道中的渗流规律。这种研究方法的实质是用概化水流来代替仅仅在岩体裂隙中运动的真实水流。采用概化水流代替真实水流的条件：概化水流通过任意断面的流量及所具有的水头必须和真实水流相等，同时，还要求概化水流所受到的阻力必须等于真实水流所受的阻力。

2. 岩体渗流的不均匀性

岩体渗流的不均匀性主要是由于岩性差异造成的，除了岩性之外，主要是裂隙面发育程度的差异。岩体渗流的不均匀性通常表现为分带性和成层性。

在沉积岩区，岩体渗流的成层性一般都比较明显，在岩溶发育的地区，这种成层性就更加明显。渗流成层性的存在，使得地下水往往具有承压性质。工程实践表明，即使渗流的成层性不明显，但岩体的渗透系数随深度的增加而降低的规律总是存在的。Louis 于 1974 年将岩体的渗透系数表达为

$$K = K_s e^{(-Ah)} \qquad (4-1)$$

式中　　K——岩体表部渗透系数；

　　　　K_s——深度为 h 处的岩体渗透系数；

　　　　A——渗透系数的梯度。

3. 岩体渗流的各向异性

对于以裂隙为主的等效连续介质，岩体渗流表现出强烈的各向异性。裂隙面（或不连续面）的成组性及在空间展布的不均匀性是造成各向异性的主要因素。通常，在节理裂隙密集展布的方向上，岩体的渗透性占主导优势。在沉积岩地区，垂直层面方向的渗透系数与层面方向的渗透系数往往有较大差异。当渗流出现各向异性时，常用渗透张量表征掩体的渗透性。Snow 于 1965 年推导了无限延伸 m 组不连续面岩体的渗透张量，其表达式为

$$K_{ij} = \frac{g}{12\mu} \sum_{i=1}^{m} \frac{b_e^3(k)}{\lambda(k)} \left[\delta_{ij} - n_i(k) n_j(k) \right] \qquad (4-2)$$

式中　　$b_e(k)$——第 k 组不连续面的等效水力开度；

　　　　$\lambda(k)$——第 k 组裂隙面的间距；

　　　　$n_i(k)$——第 k 裂隙面的法线方向。

对 K_{ij} 进行坐标转换可以求出 3 个渗透主值及渗透主方向。

4.1.2　渗流对裂隙岩体损伤断裂的影响

渗流对裂隙岩体损伤断裂的影响主要包括两个方面：力学作用和侵蚀作用[143]。

就力学作用而言，进入裂隙尖端微细裂纹损伤区的渗水具有劈裂作用，可以用作用在微细裂纹表面分布水压力来反映。已有研究表明，作用在微细裂纹表面水压力使微细裂纹尖端的应力强度提高，促使微细裂纹起裂，并加速完成稳定扩展阶段而进入失稳扩展阶段，击穿韧带，相互贯通，导致主裂纹向前扩展，因而起着劈裂作用。

就侵蚀作用而言，进入裂纹尖端微细裂纹损伤区的渗水具有降低桥联介质的细观断裂韧度作用（即软化作用），即降低岩桥介质对裂纹尖端微细裂纹起裂与扩展的阻力，这是因为水分子沿着桥联介质的矿物颗粒界面进入基质，基质的矿物颗粒被水分子所包围，这样本来存在于矿物颗粒间的相互吸引作用（静电作用能够）和胶结作用；由于水分子吸附于矿物颗粒间，抵消了一部分引力作用；另一方面水分子与矿物颗粒胶质的化学作用，

削弱了胶质的胶结作用，矿物颗粒间的相互吸引作用和胶结作用的削弱，导致其易于分离，从而易于分裂，因而可以说进入裂纹尖端细裂纹损伤区的渗水使桥联介质的细观断裂降低或断裂扩展阻力降低，具有软化作用。

4.1.3 岩体渗流－应力－损伤耦合作用

裂隙岩体在地质环境中，由于渗流、受力等外因素的变化，表现出不同特征，已引起学者的关注。许多学者对岩体的渗流－应力－应变－损伤进行了较多的研究，获得了许多成果[144-151]。

1. 应力应变－渗透耦合作用

耦合作用的研究主要集中在表征单元体的渗透系数与应力（应变）间的相互关系，认为岩体的渗透系数是裂隙面法向应力（应变）函数，该方程是研究渗流耦合问题的核心，是应力场和渗流场相互响应方式和程度的关键。目前许多学者通过室内试验和工程实践研究，建立了多种岩石应力应变－渗透率关系方程[152,153]。

（1）负指数方程。Louis 在试验的基础上，提出了裂隙岩体渗透系数与正应力之间的关系式，即

$$K_f = K_{f0} e^{(-\alpha\sigma_e)} \qquad (4-3)$$

式中　K_f——裂隙岩体渗透系数；

　　　K_{f0}——有效应力为 0 时岩体裂隙的渗透系数；

　　　α——待定参数。

该方程表明岩体的渗透系数随压力的增大而减小，随拉应力的增大而增大；参数 α 越大应力对渗透系数的影响越大，该参数反映了岩体结构的固有属性。

（2）仵彦卿在研究某水电站坝址岩体的渗流与应力关系时，根据实验数据得出了渗透系数与应力之间具有分形关系，即

$$K_f = K_{f0} \sigma_e^{-D_f} \qquad (4-4)$$

D_f 为岩体裂隙分布的分形维数，表示岩体的裂隙化程度或完整程度，当其为 0 时，说明岩体内无裂隙，为完整岩体，此时

它们的关系符合上式；当 $D_f = 2$ 时，说明岩体破碎，裂隙十分发育，初始渗透系数最大，但受力敏感。

（3）双曲线方程为

$$K_f = \frac{a}{b + \sigma} \tag{4-5}$$

式中　　σ——有效应力；

　　a，b——耦合系数。

该方程通过两个参数表征应力对渗透系数的影响程度，该方程只适用于高压应力状态，只有等于 ab 时，才适用于拉应力和低压应力状态。

（4）幂指数方程。陈祖安通过砂岩渗透率的静压力试验，应用毛细管模型，拟合岩体渗透系数与压力的关系方程为

$$K_f = K_0 \left(1 - \frac{\sigma}{a + b\sigma} \right)^4 \tag{4-6}$$

式中，a，b 为耦合系数；a 表示拉应力和零应力对渗透系数的影响；b 表示高压应力时应力对渗透系数稳定值的影响。

该方程通过两个参数表征应力对渗透系数的影响程度。

（5）李世平通过对岩石应力 - 应变 - 渗透性全过程试验的分析，确定了关系方程为

$$K = K_0 + a\varepsilon_V + b\varepsilon_V^2 + c\varepsilon_V^3 + d\varepsilon_V^4 \tag{4-7}$$

式中　　　　ε_V——平均应变；

　　a，b，c，d——待定参数。

该方程是通过三轴加载试验拟合确定的多项式方程，但不适用于拉应力状态。

上述这些应力 - 渗透率关系式都是在特定的条件下得出的，尚需进一步验证，其中 Louis 的公式在复杂应力中的应用比较广泛。

2. 渗流 - 应力耦合作用

对渗流中流固耦合问题的研究，最早来源于土的固结理论。

Terzaghi 于 1925 年提出了饱和土体的一维固结理论，按照这个理论，土的力学性质取决于有效应力。Terzaghi 的一维固结理论，虽然考虑了渗流对土体固结的影响，但流体渗流不受土体变形的影响，因此未考虑渗流中流固耦合效应。Biot 将孔隙流体压力 p 和水容量 Δn 的变化也增列为状态变量。

Biot 的渗流耦合作用的基本方程为

平衡方程： $$\frac{\partial \sigma_{ij}}{\partial x_{ij}} + \rho X_j = 0 \quad (i, j = 1, 2, 3) \qquad (4-8)$$

几何方程： $$\begin{cases} \varepsilon_{ij} = \frac{1}{2}\left(u_{i,j} + u_{j,i}\right) \\ \varepsilon_v = \varepsilon_{11} + \varepsilon_{22} + \varepsilon_{33} \end{cases} \qquad (4-9)$$

本构方程： $$\begin{cases} \sigma'_{ij} = \sigma_{ij} - \alpha p \delta_{ij} = \lambda \delta_{ij} \varepsilon_v + 2G\varepsilon_{ij} \\ \Delta n = \frac{p}{Q} - \alpha \varepsilon_v = \frac{p}{R} - \frac{\sigma_{ij}}{3H} \end{cases} \qquad (4-10)$$

渗流方程： $$K_{ij}\nabla^2 p = \frac{1}{Q}\frac{\partial p}{\partial t} - \alpha \frac{\partial \varepsilon_v}{\partial t} \qquad (4-11)$$

将本构方程、几何方程代入平衡方程，可得到以位移表示的 Navier 型方程为

$$(\lambda + G)\frac{\partial \varepsilon_v}{\partial x_j} + G \nabla^2 u + pX_j + \alpha \frac{\partial p}{\partial x_j} = 0 \qquad (4-12)$$

式中
p——孔隙水压力；

Δn——孔隙变化量；

α——孔隙水压力系数；

H, R 或 Q——Biot 常量；

δ——Kronecker 常量；

K_{ij}——渗透系数；

σ_{ij}——总应力；

σ'_{ij}——有效应力；

δ_{ij}——总应变；

G——剪切模量;

λ——拉梅系数;

ρ——体力密度;

∇^2——拉普拉斯算子,i,$j=1$,2,3。

上述公式是基于 Biot 经典渗流理论的表达式,在经典的 Biot 渗流耦合方程中,渗流非稳定流方程增加了应力对渗流方程的影响项,是 Biot 固结理论的特征项,反映了应力对流体质量守恒的影响。在稳定流计算时,渗透方程的右端项为零,忽略了总应力和孔隙水压力相互作用的时间过程。按有效应力原理,岩体变形中由于增加了孔隙水压力项,反映了岩体变形特性参数受孔隙水压的影响,同时把引起孔隙的变形的介质应力和孔隙水压力分开讨论。但是,在该理论中没有考虑应力引起的渗透性的变化,不能满足动量守恒。当考虑应力对渗流的影响时,需要补充耦合方程:

$$K(\sigma,\ p)=\xi K_0 e^{-\beta(\sigma_{ii}/3-\alpha p)} \tag{4-13}$$

式中 K_0——渗透系数初值;

K——渗透系数;

p——孔隙水压力;

ξ——渗透系数突跳倍数,由实验确定;

α——孔隙水压系数,由实验确定;

β——耦合系数,由实验确定。

由前述岩石应力–应变–渗透性实验结果来看,当岩石达到峰值后裂隙增加,导致渗透性能快速增加,即突跳倍率较高。所以,在考虑岩石峰值渗流特征时,加上突跳倍率是比较符合实际的。

3. 渗流–损伤耦合作用

在外部因素如压力、温度等作用下,岩体内部将形成微观缺陷,这些缺陷的扩展、贯通将造成岩体的逐渐劣化直至破坏,这些微缺陷对岩体的影响可用一个或几个连续的内部场变量来表示，这种变量称为损伤变量。

在岩体裂纹、裂隙发展扩展、岩体损伤破坏过程中渗流作用也将发生一定的变化，因此，要结合岩体的损伤特征研究渗流变化特征。

当单元的应力状态或者应变状态满足某个给定的损伤阈值时，单元开始损伤，损伤单元的弹性模量表达式为

$$E = (1 - D)E_0 \qquad (4-14)$$

式中　　D——损伤变量；

　　　　E——损伤单元弹性模量，假定为标量；

　　　　E_0——无损伤单元弹性模量，假定为标量。

这里以单轴压缩和拉伸本构关系为例，介绍单元的渗透－损伤耦合关系。

（1）当单元的剪应力达到莫尔－库仑损伤阈值时

$$F = \sigma_1 - \sigma_3 \frac{1 + \sin\varphi}{1 - \sin\varphi} \geqslant f_c \qquad (4-15)$$

式中　　φ——内摩擦角；

　　　　f_c——单轴抗压强度。

损伤变量 D 的表达式为

$$D = \begin{cases} 0 & \varepsilon < \varepsilon_0 \\ 1 - \dfrac{f_{cr}}{E_0 \varepsilon} m & \varepsilon_{c0} \leqslant \varepsilon \end{cases} \qquad (4-16)$$

式中　　f_{cr}——残余强度；

　　　　ε——应变；

　　　　ε_{c0}——残余强度对应的应变。

由前述试验可知，损伤引起的试件渗透性能发生突变，突跳系数增大，其大小可由试验得出，单元渗透系数为

$$K = \begin{cases} K_0 e^{-\beta(\sigma_1 - \alpha p)} & D = 0 \\ \xi K_0 e^{-\beta(\sigma_1 - \alpha p)} & D > 0 \end{cases} \qquad (4-17)$$

式中符号意义同前。

（2）当单元到达抗拉强度损伤阈值时

$$\sigma_3 \geqslant -f_t \qquad (4-18)$$

损伤变量 D 为

$$D = \begin{cases} 0 & \varepsilon_{t0} < \varepsilon \\ 1 - \dfrac{f_{tr}}{E_0 \varepsilon} m & \varepsilon_{t0} \leqslant \varepsilon < \varepsilon_0 \\ 1 & \varepsilon \leqslant \varepsilon_{tu} \end{cases} \qquad (4-19)$$

式中　f_{tr}——残余强度；

　　　ε——应变；

　　　ε_{t0}——残余强度对应的应变；

　　　ε_{tu}——最终值对应的应变。

单元渗透系数为

$$K = \begin{cases} K_0 \mathrm{e}^{-\beta(\sigma_3 - \alpha p)} & D = 0 \\ \xi K_0 \mathrm{e}^{-\beta(\sigma_3 - \alpha p)} & 0 < D < 1 \\ \xi' K_0 \mathrm{e}^{-\beta(\sigma_3 - \alpha p)} & D = 1 \end{cases} \qquad (4-20)$$

式中符号意义同前。

4.2　不同损伤状态底板破坏深度模拟

由以上分析可知，岩石破裂之前是渗透性很低的介质，而当岩石破裂失稳后，其渗透性大大增加。由于煤层开采，底板岩体受到采动应力影响，发生破裂，产生裂隙，在水渗流作用下裂隙继续扩展。底板破坏过程实质就是岩层裂纹萌生、扩展并跟踪传递，最后导致失稳破裂。

本文以山东省新汶煤田良庄井田 51302 工作面为例，利用 RFPA 数值模拟软件，对 51302 工作面在假设应力、应力－损伤及应力－渗流－损伤 3 种状态下的底板破坏深度进行数值模拟，比较底板岩体在不同状态下的底板破坏情况。

4.2.1　数值模型的建立

根据良庄煤矿 51302 工作面的地质条件，开采深度近 640 m，模型沿走向长度为 600 m，高为 200 m，整个模型由 21 层煤（岩）层组成。数值模型选取的各岩层材料组按照由上向下的顺序，其力学参数见表 4－1。从 13 煤到奥灰含水层共有 11 层岩层，其中徐灰、草灰为含水层，各层灰岩之间都有不同厚度的不透水的泥岩、粉砂岩阻隔。对 13 煤进行开挖，对比完整底板岩层、损伤底板岩层和渗流状态下损伤底板岩层不同的破坏情况。通过分步开挖来模拟采动的影响，模型如图 4－2 所示。

表4－1 岩石力学参数表

序号	岩性	厚度/m	弹性模量/MPa	抗压强度/MPa	泊松比	内摩擦角/(°)	容重/($N \cdot mm^{-3}$)	渗透系数/($m \cdot d^{-1}$)	孔隙压力系数
1	等效岩层	10	8000	200	0.12	50	5.2e-4	0.1	0.01
2	砂岩	15	9500	102	0.23	37	2.52e-5	2	0.1
3	中砂岩	25	9200	98	0.212	35	2.62e-5	1	0.1
4	11 煤	2	2600	20	0.27	40	1.3e-5	0.1	0.01
5	黏土岩	6	3200	45	0.19	42	2.56e-5	0.1	0.01
6	砂岩	8	8600	99	0.18	50	2.53e-5	2	0.1
7	粉砂岩	25	2002	67	0.173	45	2.63e-5	0.1	0.01
8	四灰	7	9266	65	0.217	56	2.64e-5	10	0.5
9	13 煤	1	2700	19	0.26	40	1.4e-5	0.1	0.01
10	粉砂岩	10	1034	14	0.316	50	2.64e-5	0.1	0.01
11	细砂岩	3	6647	35	0.212	52	2.59e-5	0.5	0.03
12	粉砂岩（黑）	4	1133	10	0.284	54	2.66e-5	0.1	0.01
13	粉砂岩（灰）	13	5419	28	0.199	48	2.66e-5	0.1	0.01

表 4 - 1 (续)

序号	岩性	厚度/ m	弹性模量/ MPa	抗压强度/ MPa	泊松比	内摩擦角/(°)	容重/ (N·mm⁻³)	渗透系数/ (m·d⁻¹)	孔隙压力系数
14	粉细砂岩	10	12323	32	0.192	48	2.64e-5	0.3	0.02
15	中砂岩	9	8923	34	0.213	50	2.63e-5	1	0.1
16	粉砂岩	4	6512	25	0.231	48	2.67e-5	0.1	0.01
17	徐灰	10	5209	22	0.242	48	2.65e-5	10	0.5
18	泥岩	4	4500	23	0.213	33	2.61e-5	0.1	0.01
19	草灰	9	9326	54	0.155	37	2.67e-5	10	0.01
20	泥岩	4	6800	36	0.226	36	2.63e-5	0.1	0.01
21	奥灰	21	11207	55	0.167	40	2.66e-5	100	1

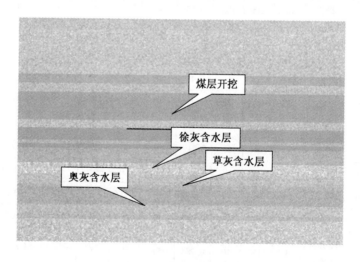

图 4 - 2 数值模型示意图

模型划分 200 × 600 共 120000 个单元, 受模型计算容量、运算速度所限，在模型顶部加 10 m 厚的上覆岩层，上覆岩层容重为松散风化岩层的 20 倍。较高的承压水头压力通过边界传递到岩层的下覆含水层中，岩体只承受自重力和水压力。边界条件设置为两端水平约束，可垂直移动；底端固定，设置底端和顶端为隔水边界；设定 550 m 高的定水边界来模拟奥陶系灰岩水的高承压水值（5.5 MPa）。

4.2.2　数值模拟过程及结果分析

1. 模拟过程

模拟过程是分步进行的，采用 RFPA 自带的"空"单元模拟煤层开采，模拟工作面开采 160 m，每步 10 m，共开挖 16 步，从左侧 200 m 处开切眼向右方向开挖，获得了完整底板、损伤底板、渗流状态下损伤底板数值模拟的弹性模量分布系列图，并对 3 种状态下的底板破坏深度进行对比分析。

综合分析完整底板弹性模量分布图（图 4-3、图 4-4）、损伤底板弹性模量分布图（图 4-5、图 4-6）及考虑渗流状态下损伤底板弹性模量分布图（图 4-7、图 4-8），在煤层底板岩性相同、厚度相同，煤层开挖相同的情况下，确定采场底板破坏深度的变化。

2. 模拟结果分析

煤体未开挖时，底板岩层处于三维应力平衡状态，内部应力的分布是均匀的、平缓的。随着煤层的开采，底板岩层内部应力平衡状态被打破，应力进行了重新分布，煤壁与采空区附近区域内底板应力不但集中，而且变化很强烈，特别是在邻近煤壁的地方，由于应力的急剧变化，很容易遭受破坏而形成破坏带；采空区中部的底板，由于承压水的作用，导致拉应力的出现，致使底板岩层受拉破坏形成破碎带。

（1）当工作面推进到 20 m 时，由于超前压力的作用，底板破坏也在继续，此时，3 种状态下底板损伤情况相差不大，围岩仅有零星的破坏。

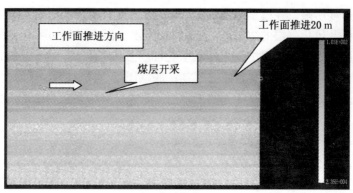

(a) 工作面推进20 m

(b) 工作面推进40 m

(c) 工作面推进60 m

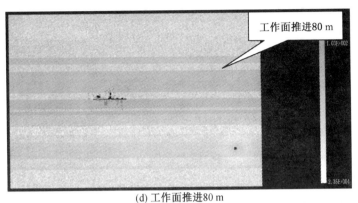

(d) 工作面推进80 m

图4－3　完整底板弹性模量分布图

(a) 工作面推进100 m

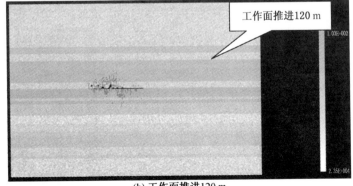

(b) 工作面推进120 m

(c) 工作面推进140 m

(d) 工作面推进160 m

图4-4　完整底板弹性模量分布图

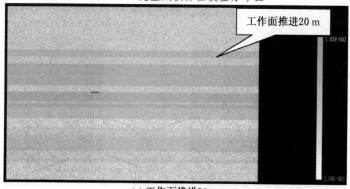

(a) 工作面推进20 m

(b) 工作面推进40 m

(c) 工作面推进60 m

(d) 工作面推进80 m

图 4–5 损伤底板弹性模量分布图

(a) 工作面推进100 m

(b) 工作面推进120 m

(c) 工作面推进140 m

(d) 工作面推进160 m

图4-6 损伤底板弹性模量分布图

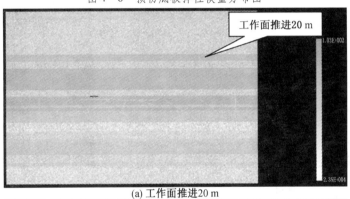

(a) 工作面推进20 m

(b) 工作面推进40 m

(c) 工作面推进60 m

(d) 工作面推进80 m

图 4 - 7　渗流状态下损伤底板弹性模量分布图

(a) 工作面推进100 m

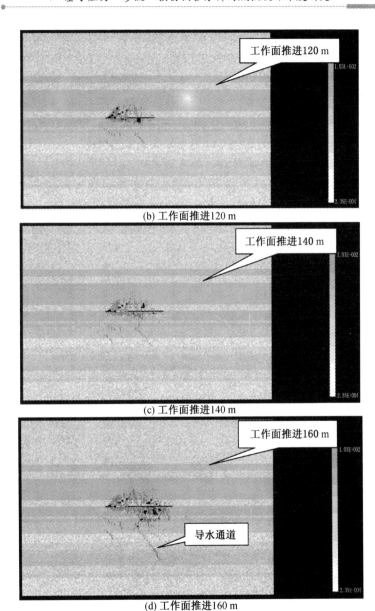

(b) 工作面推进120 m

(c) 工作面推进140 m

(d) 工作面推进160 m

图4-8 渗流状态下损伤底板弹性模量分布图

（2）当工作面推进到 40 m 时，在开切眼和前方煤壁处应力集中程度降低。煤层底板岩体破坏形式主要呈现拉破坏、拉－剪破坏、剪－拉破坏，其中煤壁处岩体出现拉剪破坏。此时，完整底板的破坏仍是零星分布，最大破坏深度在 2 m 左右；而损伤底板的破坏则出现小范围的集中，破坏深度和完整底板时相差不大；渗流－损伤状态下的底板不仅出现破坏集中的情况，且破坏深度有所加大，最大破坏深度在 5 m 左右。

（3）当工作面推进到 100 m 时，底板岩层破坏区沿着工作面的方向同步发展，煤层底板岩体的破坏形式基本不变。此时，完整底板的最大破坏深度达到 12 m；损伤底板的最大破坏深度则为 25 m；在渗流的影响下，损伤底板的最大破坏深度达到 30 m。此时，底板损伤对煤层开采有较大影响，特别是在渗流的情况下。

（4）当工作面推进到 140 m 时，底板岩体的破坏形式主要以拉破为主，其次为剪拉破坏。两种情况的底板破坏深度在原来的基础上变化不大，完整岩层的底板破坏深度由工作面推进到 100 m 时的 12 m 变为工作面推进到 160 m 的 18 m；损伤岩层的底板破坏深度由工作面推进到 100 m 时的 25 m 变为工作面推进到 160 m 时的 33 m；在考虑渗流的情况下，渗流沿岩体裂隙进一步对损伤岩体进行破坏，和含水层联系，形成比较明显的导水通道，如图 4－8 所示，这是因为在承压含水层水头压力渗流－应力－损伤侵蚀作用下，裂隙扩展速度较快，草灰含水层底部为泥岩，强度低，在下部奥灰承压含水层水头压力和上部矿山应力集中的综合作用下，裂隙发生扩展，使得奥灰含水层与草灰含水层成为统一的含水层，导水通道形成。

（5）当工作面推进到 160 m 时，完整型底板与损伤型底板的最大破坏深度没有扩展，只是渗流状态下的损伤型底板在渗流作用的影响下，导水通道进一步扩展。

3. 得出的结论

（1）底板岩体的破坏深度主要取决于工作面开采后暴露的

采空区的范围。一般底板破坏深度随工作面的开采距离加大而增加。当开采范围达到上限后，工作面开采参数对底板破坏深度在宏观上的作用开始减弱，甚至相互无关。在模拟计算条件下，当工作面推进到 140 m 时，3 种状态下的底板破坏深度达到最大，只是损伤型底板在渗流作用的影响下，导水通道开始形成。当工作面继续推进到 160 m 时，底板破坏深度基本不变，只是损伤型底板在渗流状态下导水通道进一步扩展。

（2）底板岩层的破坏形式主要为剪切、拉破坏，而且底板出现最大破坏深度的位置一般在采空区内部。

（3）通过模拟获得完整型底板的最大破坏深度为 18 m，符合一般认为的 10～20 m 破坏深度范围；而损伤型底板的最大破坏深度为 33 m，远大于这个范围，这是由于底板岩层损伤对底板破坏深度影响的结果。

（4）应力－渗流－损伤状态下，采场底板的破坏更为严重，极易形成导水通道，将煤层与含水层联系起来。

通过以上对比分析，可以看出底板损伤对煤层开采的影响，最大破坏深度比完整岩层的底板破坏深度大得多，而渗流－应力－损伤耦合对底板的破坏是巨大的，会使底板破坏深度发生突变，形成底板突水通道，造成底板突水。

4.3　本章小结

在研究采场底板岩体应力－渗流－损伤耦合的基础上，利用 RFPA 软件将良庄井田 51302 工作面的底板分别设为完整型、损伤型及渗流状态下损伤型，并对底板破坏深度进行了数值模拟，得出以下结论：

（1）通过模拟可知，当工作面推进到 140 m 时，3 种状态下的底板破坏深度达到最大，若 51302 工作面底板为完整型底板且仅受应力作用时底板最大破坏深度为 18 m，符合一般认为的 10～20 m 破坏深度范围；若 51302 工作面底板为损伤型底板且仅受应力作用时，底板破坏深度较完整性底板的破坏深度明显加大，底板最大破坏深度达33 m，远大于10～20 m破坏深度范围；若51302工作面底板为损伤型底板且受应力及渗流的影响时，底板破坏更加容易，易形成导水通道（应该有加速、加深的特点）。

（2）底板岩层的破坏形式主要为剪切破坏，其次为拉张破坏，而且底板出现最大破坏深度的位置一般在采空区内部。

5 损伤底板破坏深度现场实测

在底板破坏深度预测中引入损伤理论，对现阶段预测底板破坏深度起着重要的作用。本节为了验证在损伤状态下底板破坏深度的大小，对新汶煤田良庄井田 51302 工作面及肥城煤田白庄井田 7105 工作面进行底板破坏深度的现场实测。

5.1 51302 工作面底板破坏深度现场实测

5.1.1 探测原理

煤层的开采将导致岩体应力、孔隙率、含水量、破坏程度等均发生变化，从而使得不同岩体的物性、电性、磁性、传播性产生差异，利用物探技术对岩体的物理、力学性质的变化进行测试，确定岩体的破坏程度及深度，称为地球物理探测方法。目前主要的方法有钻孔与明渠微流速测定技术与方法、工作面顶底板音频电透视技术方法、井下直流电法技术与方法、井下钻孔照相与窥视技术与方法、瑞利波超前探测技术与方法、工作面坑透技术与方法、地震勘探技术与方法、雷达超前探测技术与方法[154,155]。

其中矿井电阻率法在解决井下小断层、突水点位置、岩溶分布、煤层冲刷带和顶板稳定性等地质方面问题，是最经济、最有效的矿井物探方法，特别是在解决与水有关的矿井构造方面，矿井直流电法显示出较大的优越性。利用井下电法动态观测系统对煤层开采过程中煤层底板电阻率的变化进行观测，确定煤层底板破坏深度。

工作面底板破坏动态监测是运用电法勘探原理，利用井下三极电阻率技术和工作面偶极技术在工作面开采过程中对底板破坏情况进行监测，从而确定煤层底板破坏深度。工作面底板破坏动态监测通过用电测深法来获取地质信息，再用电剖面法对地质信息进行统计处理，绘制电阻率断面图，这样可以更有效地利用地质信息，提高电阻率法的勘探能力，使其在水文、工程及地质环境调查中发挥更大的社会经济效益。与传统的电阻率法相比，工作面底板破坏动态监测成本低、效率高，信息丰富，解释方便，勘探能力显著提高。

通过在工作面巷道内预先埋设电极、电缆，实现了对采空区底板破坏情况的实时探测。按一定的时间间隔对工作面进行扫描，获得不同时间工作面底板岩石电阻率的变化情况，据此分析与开采活动有关的底板岩石破坏程度状况等，从而实现对工作面底板破坏进行实时监测。

5.1.2　探测结果与分析

1. 数据采集

2004 年 7 月 3 日井下电缆安装完毕后，分别于 2004 年 7 月 4 日、2004 年 7 月 14 日、2004 年 7 月 27 日、2004 年 8 月 5 日、2004 年 8 月 7 日进行了 5 次数据采集工作，使用了四极、三极、工作面偶极 3 种采集方式，观测断面 15 条，采集数据点 11000 个。具体采集情况见表 5 - 1。

表 5 - 1　数据采集点

日期 \ 地点	51302 运输巷	51302 回风巷	51302 工作面
2004 年 7 月 4 日	四极	四极	工作面偶极
2004 年 7 月 14 日		三极、四极	工作面偶极
2004 年 7 月 27 日	三极	三极	工作面偶极
2004 年 8 月 5 日		三极	工作面偶极
2004 年 8 月 7 日	三极	三极	工作面偶极

2. 数据处理

井下采集到的数据储存到 WDJD-2 多功能数字直流激电仪中，应用 BTW2000 通信软件传输到计算机中，并转换成电阻率反演程序 RES2DINV 所需的数据格式，然后启动 RES2DINV 电阻率反演程序进行数据反演。

由于高密度电阻率探测在一条断面上便可以采集到不同装置及不同极距的大量数据，所以在数据处理时，我们首先对观测数据进行统计处理，这样便可获得各种参数的断面图，即可知断面一定深度范围内电性的相对变化情况。在处理中采用将三电位电极系测量的结果换算成比值参数的方法，根据比值参数来绘制断面等值线图，比值参数不仅保留了二者的原有特点，而且还扩大了异常的幅度，从而使比值断面图更好地反映地电结构的某些细节。在对高密度电阻率法的资料处理中还可以根据需要对数据进行滤波处理，通过滤波处理不仅仅是消除随机高频干扰，更主要的是能够有效地消除和减弱三电位电极系视电阻率曲线中的震荡部分，从而可以简化异常形态，增加推断解释的准确性。

实测数据按记录坐标展布在相应的断面上，把断面分成若干小单元，若小单元内有数据点，则该单元视电阻率即为数值点值；若小单元无数据点，则通过三次样条进行插值，在此基础上利用幂函数或指数函数进行各单元数值的圆滑，根据岩层电阻的特征和异常特征设计色谱，形成电阻率成像断面色谱图。

电阻率成像断面图上实测视电阻率值是按记录坐标的深度绘制的，并不是其真正的深度，因此，生成电阻率成像断面图时对其深度值要进行校正。由于地下岩层的组合千变万化，不同层位电性差异很大，因而不同地区校正系数也不一样，一般取 0.5 ~ 0.9，将记录深度乘以校正系数近似作为实际深度。校正系数的选取可以经过试验或对比孔旁测深求取。

因此经过相应的资料处理后，观测结果的分析与解释变得更加直观。以下是资料处理工作中的几种处理方法。

（1）突变点的剔除。在数据采集过程中，由于某一电极接地不好，或受采集现场干扰因素的影响，会出现一些数据突变点，为了不造成对解释结果的影响，对数剧突变点进行剔除。

（2）地形校正。由于高密度电阻法是基于静电场理论的物理勘探方法，具有体积勘探效应。根据静电场理论，地形起伏会影响勘探结果，在凸地形处测得的数据偏小，在凹地形处测得的数据偏大，测得的数据实际是地电模型和地形影响的综合反映。为实现对地电模型的真实反映，消除地形影响，对实际数据进行了地形校正。

（3）数据的光滑平均。在数据采集过程中，有时会受到一些随机噪声的影响，为了消除这些随机噪声，采用光滑平均的方法对数据进行处理，但平滑幅度不能过大，以免平滑掉有用信息，降低分辨率。

（4）反演迭代地层真电阻率。在野外采集的实测数据不是地下介质的真电阻率，而是视电阻率，具有很大的体积效应，以视电阻率进行资料解释具有非常低的分辨率，很多细微异常被淹没在强大的背景之中，很难从中识别出巷道采空区的异常现象。为了提高电法勘探的分辨率，减小电法勘探的体积效应，突出细微地质异常，应当从实测的视电阻率出发，反演迭代出地下介质的真电阻率。

（5）绘制电阻率断面图。在反演迭代出的地下介质电阻率的基础之上，利用 Surfer 软件包绘制出每条测线的电阻率断面图，该图件是以后用于资料解释的主要图件。

3. 资料解释

数据处理后，获得了各条断面的电阻率色谱断面图，三极、四极电阻率色谱断面图反映了巷道下方的地层电性结构，工作面偶极电阻率色谱断面图反映了工作面下方地层的电性结构。本次网络电法的解释工作主要依据工作面偶极电阻率色谱断面图，结合三极、四极电阻率色谱断面图。

图 5-1 至图 5-5 分别为 2004 年 7 月 4 日、2004 年 7 月 14 日、2004 年 7 月 27 日、2004 年 8 月 5 日、2004 年 8 月 7 日对良庄煤矿 51302 工作面进行动态监测获得的工作面底板色谱断面图，所有监测使用工作面偶极技术，采用同一采集参数。

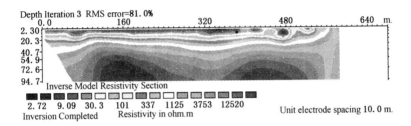

图 5-1　良庄煤矿 51302 工作面 2004 年 7 月 4 日工作面色谱断面图

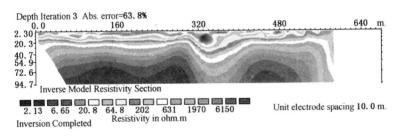

图 5-2　良庄煤矿 51302 工作面 2004 年 7 月 14 日工作面色谱断面图

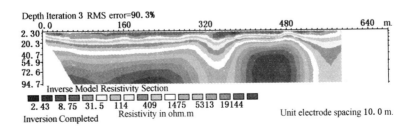

图 5-3　良庄煤矿 51302 工作面 2004 年 7 月 27 日工作面色谱断面图

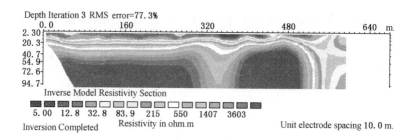

图5-4 良庄煤矿51302工作面2004年8月5日工作面色谱断面图

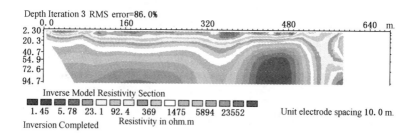

图5-5 良庄煤矿51302工作面2004年8月7日工作面色谱断面图

经反演获得的电阻率色谱断面图反映了地下地层的电性结构，该图的横坐标为测线方向，采煤方向大号横坐标向小号横坐标推进，纵坐标代表深度，单位均为m。

2004年7月4日资料解释：在工作面偶极电阻率色谱断面图320m采集点处有一个幅度较小的低阻异常，说明该处有一隐伏地层破碎带，该破碎带胶结较好，富水性较差；在大于560m处也存在一低阻区，采煤工作面已靠近该位置，但尚未到达断面位置，该低阻区为采煤作业影响带，该位置由于采煤影响，地层相对破碎。

2004年7月14日资料解释：该时间煤层开采已到570m采集点处（进入断面15m）。320m采集点处的低阻异常现象依然存在，且幅度增大，中心稍向工作面方向偏移，说明随着采煤作业面靠近该处的地层破碎带，造成该破碎带胶结程度变差，富水性增强；大于 570 m 采集点处已出现一明显低阻区，该低阻区正好处于采空区内，说明采空区在断面上有极好的反映，煤层开采破坏了底板的电性结构，电阻率明显变低。

2004 年 7 月 27 日资料解释：该时间煤层开采已到 540 m 采集点处（进入断面 45 m）。320 m 采集点处的低阻异常现象继续扩大，说明随着采煤作业面临近，破碎带胶结程度进一步变差，富水性进一步增强；530 ~ 590 m 采集点处存在一个低阻区域，宽度约为 55 m，该区域为煤层采空区，反映了采空区内煤层底板的破坏情况，低阻区电阻率随深度增加逐步增大，最低值在最浅部，说明煤层底板破坏程度随深度增加逐步减小；从低阻带中心向小号横坐标方向底板破坏深度逐步变浅，且变浅幅度逐步变小；从低阻带中心向大号横坐标方向电阻率也逐步升高，说明从 560 m 采集点（低阻带中心）向后区域，采空区顶板已经垮落，逐步压实破坏的底板，底板中的空隙度减小，富水性降低。

2004 年 8 月 5 日资料解释：该时间煤层开采已到 530 m 采集点处（进入断面 55 m），在 2004 年 8 月 5 日凌晨，工作面采空区内发生底板突水事件，井下采集数据时突水量约 30 m^3/min。320 m 采集点处低阻异常的变化规律仍然遵循 2004 年 7 月 27 日前的变化规律；但在大于 520 m 采集点处的采空区低阻带内发生了明显的变化，在断面图右下角（540 m 采集点后方、50 m 深度以下）出现了低阻区域，且最小电阻率值在下部，说明下部的奥陶系灰岩已极其富水，并通过 540 m 采集点处的导水通道于采煤工作面导通，因此本次突水事件的水源为奥陶系灰岩水，导水通道在采煤作业面的后方 20 m 处，与 2004 年 7 月 27 日探测确定的"在采煤工作面后 20 m 底板破坏深度达到最大"相吻合。

2004 年 8 月 7 日资料解释：数据采集时采空区底板出水量稳定在 16 m^3/min。320 m 采集点处的低阻异常幅度比 2004 年 7 月 27 日出水前资料有所减小，说明由于采空区底板出水，奥灰水压力减少，导致破碎带富水程度也随之降低；图 5-5 右下角的低阻区域范围、幅度比 2004 年 8 月 5 日均有所减小，说明随着出水时间的延长，奥灰水压力降低，采空区顶板进一步垮落，破坏的煤层底板被逐步压实，出水通道变小，导致出水量降低。

综合对比解释 5 次采集的数据资料，得出以下结论：

（1）采煤对其附近的断层破碎带具有活化作用，随着工作面的临近，断层活动性增强，底板损伤加重，底板破坏深度加大。

（2）采场底板破坏深度随工作面推进距离的增加而增大，当工作面推进到接近工作面宽度（倾斜宽）时，底板破坏深度达到最大；51302 工作面的底板最大破坏深度在煤壁后方约 20 m 处，最大破坏深度可达 35 m。

5.2 7105 工作面底板破坏深度现场实测

5.2.1 工程概况

肥城煤田属华北型石炭二叠系全隐蔽式煤田，含煤地层为石炭系的太原组和二叠系的山西组，煤系地层全厚 280 m，共含煤 18 层，总厚 14.86 m，可采和局部可采煤层 12 层，总厚为 13.79 m，可采率为 92.8%。太原组含煤 13 层，可采和局部可采煤层 7 层，自上而下为 5 煤、6 煤、7 煤、8 煤、9 煤、10_1 煤、10_2 煤，其中，7 煤、8 煤、9 煤、10_2 煤为全区可采煤层，5 煤、6 煤、10_1 煤为局部可采煤层。山西组含煤 5 层，自上而下为 1 煤、2 煤、3_1 煤、3_2 煤、4 煤，其中 3_1 煤全区可采，其他煤层局部可采。煤系地层的基底为太古界泰山群、寒武系和奥陶系；上覆地层为中生界的第三系和新生界的第四系，综合柱状图如图 5-6 所示。

肥城煤田总体上为走向近 EW、倾向总体向北，是一个受 F_1 大断层控制的单斜构造。煤田内以断裂构造为主，断层纵横交错，相互切割，形成网格式的构造格架，如图 5-7 所示。在水平和垂直方向上，构造分区性和分层性十分明显。

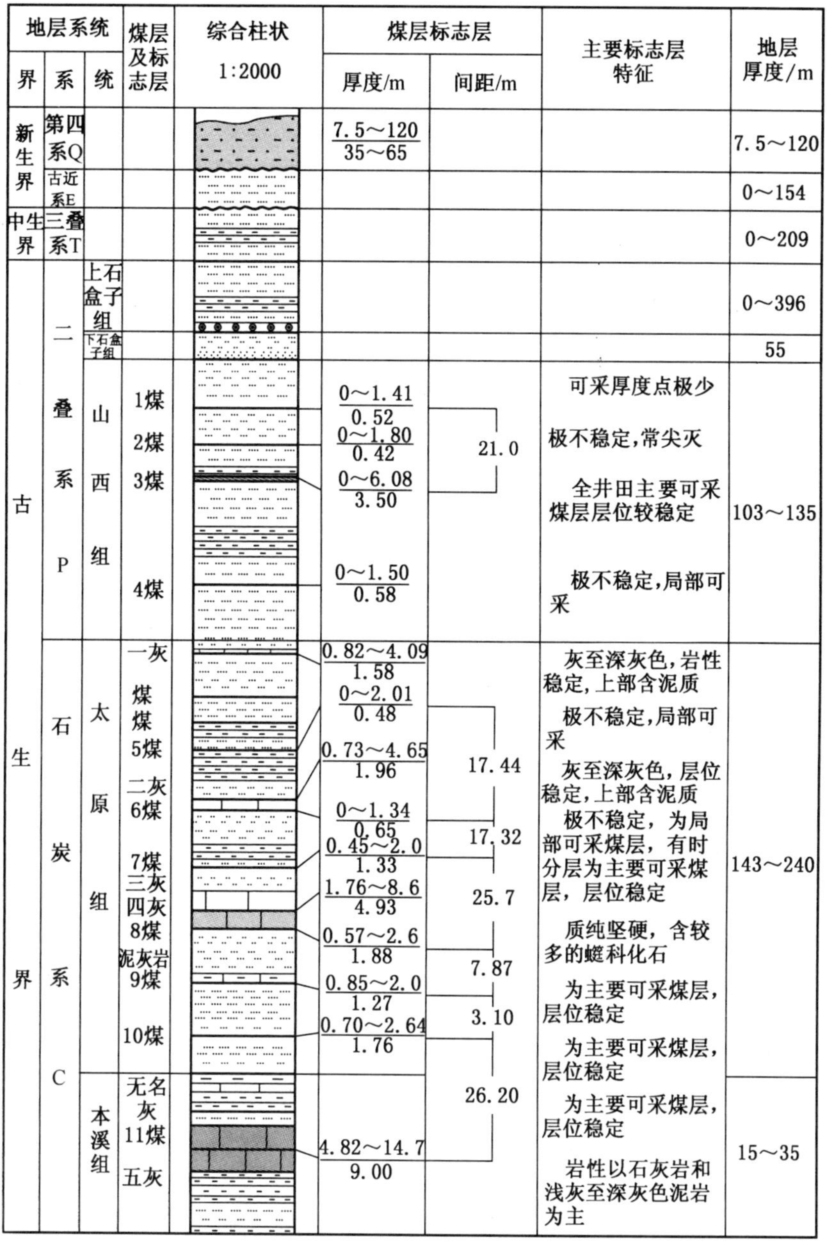

地层系统			煤层及标志层	综合柱状 1:2000	煤层标志层		主要标志层特征	地层厚度/m
界	系	统			厚度/m	间距/m		
新生界	第四系Q				$\dfrac{7.5\sim120}{35\sim65}$			7.5~120
	古近系E							0~154
中生界	三叠系T							0~209
古生界	二叠系P	上石盒子组						0~396
		下石盒子组						55
		山西组	1煤		$\dfrac{0\sim1.41}{0.52}$		可采厚度点极少	103~135
			2煤		$\dfrac{0\sim1.80}{0.42}$	21.0	极不稳定，常尖灭	
			3煤		$\dfrac{0\sim6.08}{3.50}$		全井田主要可采煤层层位较稳定	
			4煤		$\dfrac{0\sim1.50}{0.58}$		极不稳定，局部可采	
	石炭系C	太原组	一灰		$\dfrac{0.82\sim4.09}{1.58}$		灰至深灰色，岩性稳定，上部含泥质	143~240
			煤		$\dfrac{0\sim2.01}{0.48}$		极不稳定，局部可采	
			煤5煤		$\dfrac{0.73\sim4.65}{1.96}$	17.44	灰至深灰色，层位稳定，上部含泥质	
			二灰 6煤		$\dfrac{0\sim1.34}{0.65}$	17.32	极不稳定，为局部可采煤层，有时分层为主要可采煤层，层位稳定	
			7煤 三灰 四灰		$\dfrac{0.45\sim2.0}{1.33}$			
			8煤		$\dfrac{1.76\sim8.6}{4.93}$	25.7	质纯坚硬，含较多的蟆科化石	
			泥灰岩 9煤		$\dfrac{0.57\sim2.6}{1.88}$	7.87	为主要可采煤层，层位稳定	
			10煤		$\dfrac{0.85\sim2.0}{1.27}$	3.10	为主要可采煤层，层位稳定	
					$\dfrac{0.70\sim2.64}{1.76}$		为主要可采煤层，层位稳定	
		本溪组	无名灰 11煤 五灰		$\dfrac{4.82\sim14.7}{9.00}$	26.20	岩性以石灰岩和浅灰至深灰色泥岩为主	15~35

图5-6　肥城煤田地层综合柱状图

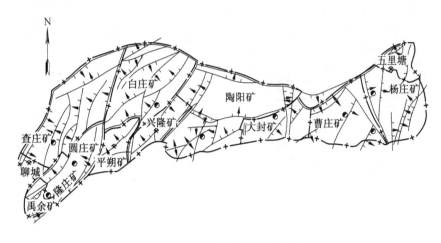

图 5-7　肥城煤田构造纲要图

断裂：肥城煤田断裂构造十分发育，根据目前揭露的资料，共发现落差大于 30 m 的断层 66 条，延展长度 184 km。煤田内断层落差大于 20 m 的有 88 条，延展总长度 235 km，平均 0.9 条/km²、长度 2.4 km。

综合分析肥城煤田主要断裂构造有以下特点：

（1）断层展布方向主要为北东、北北东向，北西向断层较少且主要发育在煤田东部；

（2）断层延展距离长、数量多、密度大；

（3）多为高角度正断层，切割深；

（4）局部地段层间滑动构造明显；

（5）由于断裂构造十分发育，造成主要含水层水力联系密切，断裂构造是奥灰补给五灰含水层的主要通道。

白庄井田位于肥城煤田中西部，四周受断层包围，在井田北部受边界 F₁ 大断层牵引作用影响，沿 F₁ 断层组有不对称向斜构造。向斜的轴向平行于 F₁ 大断层的走向，向斜南翼地层倾角较缓，一般为 0°～18°，平均 7°；向斜北翼地层倾角较大，一般为

14°~43°，平均25°，并向北趋势变陡。井田内构造以断裂为主，褶皱与断层伴生。

5.2.2 探测原理

该方法的实质性特点是在井下采煤工作面周围选择合适的观测场所，例如可在相邻工作面的巷道或可测工作面停采线或开切眼以外的巷道中开掘钻窝（机房），向工作面下方打俯斜钻孔。在工作面回采前可以研究底板岩层的原始裂隙发育规律，在工作面回采以后可以研究煤层底板的破坏深度。采用"钻孔双端封堵测漏装置"（获国家专利，专利号90225165.1），沿钻孔进行分段封堵注水，测定钻孔各段的漏失流量，以此了解岩石的破坏松动情况，确定煤层底板的破坏深度。

"钻孔双端封堵测漏装置"是进行井下钻孔分段注水观测的主要设备，它包括孔内封堵注水探管和孔外控制装置及观测仪表系统，如图5－8所示。孔内封堵注水探管两端有两个连通的胶

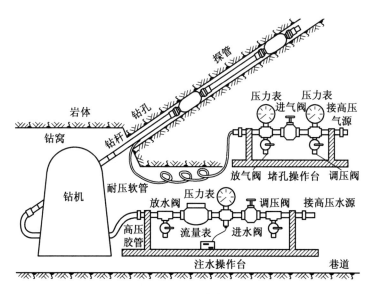

图5－8　钻孔双端封堵测漏装置

囊，平时处于静止收缩状态，可用钻杆将其推移到钻孔任何深度。通过耐压细径软管、调节阀门和仪表向胶囊内注入空气，可以使探管两端胶囊同时膨胀成球形栓塞，在钻孔内形成一定长度（设计 1 m）的双端封堵孔段。通过钻杆、调节阀门和压力流量仪向封堵孔段定压注水，可以测出单位时间内注入孔段并经孔壁裂隙漏失的水量。理论上可以证明，当注水压力一定时，注水流量的大小取决于岩体的渗透性，即注水流量随渗透系数的增大而增大。实测结果表明，尚未遭受破坏的泥岩、砂岩组合，在 0.1 MPa 的注水压力下，每米孔段每分钟的注水流量值小于 1 L，甚至趋于 0；而在岩体破坏裂隙发育范围内可达 30 L/min。

5.2.3 现场观测

7105 工作面地面平均标高 + 100 m，工作面平均标高 − 420 m，开采的 7 煤层平均厚度 1.5 m，工作面平均斜长 80 m，工作面长度 400 m 左右，如图 5 − 9 所示。本工作面所处区域煤岩层整体呈不对称向斜构造。向斜轴在工作面的切眼附近，向斜向东北方向仰起，向斜北翼煤（岩）层走向约在 50° ~ 150° 之间，倾向约在 140° ~ 240° 之间，煤（岩）层倾角较大，在 3° ~ 25° 之间，出口巷道停掘处，煤层倾角变为 25°；本工作面位于向斜南翼，煤（岩）层走向约在 55° ~ 75°，倾向约在 325° ~ 345° 之间，煤（岩）层倾角比较平缓，在 2° ~ 6° 之间。根据已揭露资料表明，该工作面构造极其复杂，断层相当发育，规模不均，且没有规律，工作面巷道揭露断层 37 条，工作面里段因断层影响无法回采，设计回采面积范围内揭露断层 22 条，落差在 0.35 ~ 4.0 m 之间，预计在回采过程中，还将遇到隐伏构造等等，这些因素的存在，都将对正常回采产生严重影响。

为观测 7105 工作面开采 7 煤的底板破坏深度，在 8100 泄水巷道打仰孔进行观测。共打仰孔三组，分别位于切眼附近（距切眼约 30 m）、工作面中部（距切眼 100 m）和停采线附近。钻孔均为仰角 40°，孔深 27 m。白庄煤矿 7 煤到 8 煤的间距为 28.8 ~

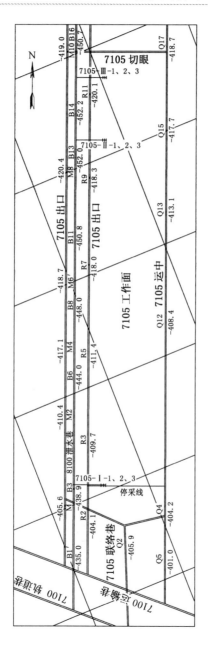

图 5 - 9　7105 工作面示意图

31.6 m。主要由粉砂岩和两层灰岩（三灰、四灰）组成，四灰为 8 煤的直接顶板。

2008 年 4 月 7 日，在切眼附近（距切眼约 30 m）的第一组钻孔进行采前观测，观测参数如图 5 - 10 所示，观测结果见表 5 - 2。根据表 5 - 2 绘制的钻孔漏失量如图 5 - 11 所示。2008 年 8 月 21 日工作面初次来压，8 月 23 日在第一组钻孔进行采后观测，观测参数及观测结果见表 5 - 3。根据表 5 - 3 绘制的钻孔漏失量如图 5 - 12 所示。2008 年 10 月 2 日在工作面中部（距切眼100 m）的第二组钻孔进行采后观测，如图 5 - 13 所示。观测参数及观测结果见表 5 - 4。根据表 5 - 4 绘制的钻孔漏失量如图 5 - 14 所示。工作面于 2009 年 2 月 6 日回采完毕，2009 年 2 月 19 日在停采线附近的第三组钻孔进行采后观测，观测参数及观测结果见表 5 - 5。根据表 5 - 5 绘制的钻孔漏失量如图 5 - 15 所示。

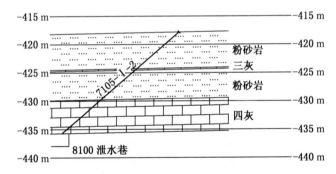

图 5 - 10　7105 工作面第一组钻孔剖面示意图

表 5 - 2　第一组钻孔采前参数表

深度/m	封孔压力/ MPa	注水压力/ MPa	漏失量/ （L·min⁻¹）	备　注
1	0.5	0.1	0	四灰
2	0.5	0.1	0	四灰

表 5 - 2（续）

深度/m	封孔压力/MPa	注水压力/MPa	漏失量/(L·min⁻¹)	备 注
3	0.5	0.1	0	四灰
4	0.5	0.1	0	四灰
5	0.5	0.1	0	四灰
6	0.5	0.1	0	四灰
7	0.5	0.1	0	四灰
8	0.5	0.1	4.8	四灰
9	0.5	0.1	4.4	粉砂岩
10	0.5	0.1	12	粉砂岩
11	0.5	0.1	0	粉砂岩
12	0.5	0.1	11	粉砂岩
13	0.5	0.1	0	粉砂岩
14	0.5	0.1	0	粉砂岩
15	0.5	0.1	8	粉砂岩
16	0.5	0.1	0	粉砂岩
17	0.5	0.1	7.6	三灰
18	0.5	0.1	7.4	粉砂岩
19	0.5	0.1	0	粉砂岩
20	0.5	0.1	6	粉砂岩
21	0.5	0.1	0	粉砂岩
22	0.5	0.1	9.2	粉砂岩
23	0.5	0.1	0	粉砂岩
24	0.5	0.1	0	粉砂岩
25	0.5	0.1	0	粉砂岩
26	0.5	0.1	0	粉砂岩
27	0.5	0.1	0	粉砂岩

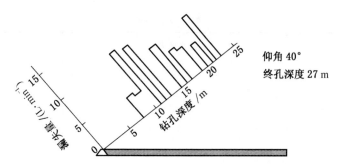

图 5-11 第一组钻孔距切眼 30 m 采前钻孔漏失量示意图

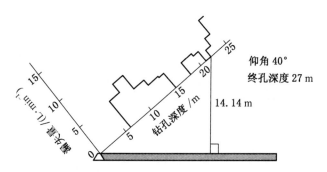

图 5-12 白庄煤矿第一组钻孔距切眼 30 m 采后钻孔漏失量示意图

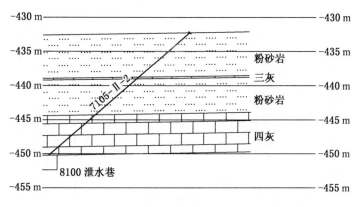

图 5-13 7105 工作面第二组钻孔剖面示意图

表5-3　第一组钻孔采后参数表

深度/m	封孔压力/MPa	注水压力/MPa	漏失量/(L·min^{-1})	备　注
1	0.5	0.1	0	四灰
2	0.5	0.1	0	四灰
3	0.5	0.1	0	四灰
4	0.5	0.1	0	四灰
5	0.5	0.1	0	四灰
6	0.5	0.1	5.0	四灰
7	0.5	0.1	5.0	四灰
8	0.5	0.1	6.6	四灰
9	0.5	0.1	6.6	粉砂岩
10	0.5	0.1	4	粉砂岩
11	0.5	0.1	3	粉砂岩
12	0.5	0.1	3	粉砂岩
13	0.5	0.1	3	粉砂岩
14	0.5	0.1	2.8	粉砂岩
15	0.5	0.1	2.8	粉砂岩
16	0.5	0.1	0	粉砂岩
17	0.5	0.1	0	三灰
18	0.5	0.1	2.2	粉砂岩
19	0.5	0.1	2.2	粉砂岩
20	0.5	0.1	1.8	粉砂岩
21	0.5	0.1	0	粉砂岩
22	0.5	0.1	1.2	粉砂岩
23	0.5	0.1	2.6	粉砂岩
24	0.5	0.1	5.2	粉砂岩
25	0.5	0.1	5.2	粉砂岩
26	0.5	0.1	5.2	粉砂岩
27	0.5	0.1	5.2	粉砂岩

表5-4 第二组钻孔采后参数表

深度/m	封孔压力/MPa	注水压力/MPa	漏失量/(L·min⁻¹)	备 注
1	0.5	0.1	4	四灰
2	0.5	0.1	2.6	四灰
3	0.5	0.1	2.6	四灰
4	0.5	0.1	0	四灰
5	0.5	0.1	0	四灰
6	0.5	0.1	4.4	四灰
7	0.5	0.1	4.4	四灰
8	0.5	0.1	2.2	四灰
9	0.5	0.1	2.2	粉砂岩
10	0.5	0.1	5.6	粉砂岩
11	0.5	0.1	5.6	粉砂岩
12	0.5	0.1	0	粉砂岩
13	0.5	0.1	0	粉砂岩
14	0.5	0.1	12	粉砂岩
15	0.5	0.1	18	粉砂岩
16	0.5	0.1	18	粉砂岩
17	0.5	0.1	11	三灰
18	0.5	0.1	11	粉砂岩
19	0.5	0.1	2.2	粉砂岩
20	0.5	0.1	0	粉砂岩
21	0.5	0.1	0	粉砂岩
22	0.5	0.1	0	粉砂岩
23	0.5	0.1	14	粉砂岩
24	0.5	0.1	10	粉砂岩
25	0.5	0.1	9.2	粉砂岩
26	0.5	0.1	9.2	粉砂岩
27	0.5	0.1	9.2	粉砂岩

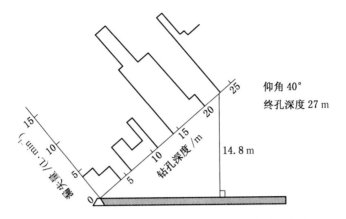

仰角 40°

终孔深度 27 m

14.8 m

图 5-14 第二组钻孔距切眼 100 m 采后钻孔漏失量示意图

表 5-5 第三组钻孔采后参数表

深度/m	封孔压力/MPa	注水压力/MPa	漏失量/(L·min⁻¹)	备 注
1	0.5	0.1	15	四灰
2	0.5	0.1	9.2	四灰
3	0.5	0.1	9.2	四灰
4	0.5	0.1	4.6	四灰
5	0.5	0.1	4.6	四灰
6	0.5	0.1	0	四灰
7	0.5	0.1	0	四灰
8	0.5	0.1	14.8	四灰
9	0.5	0.1	14.8	粉砂岩
10	0.5	0.1	12.8	粉砂岩
11	0.5	0.1	12.8	粉砂岩
12	0.5	0.1	12	粉砂岩
13	0.5	0.1	0	粉砂岩
14	0.5	0.1	0	粉砂岩
15	0.5	0.1	钻杆推不动	粉砂岩
16	0.5	0.1	钻孔严重变形	粉砂岩

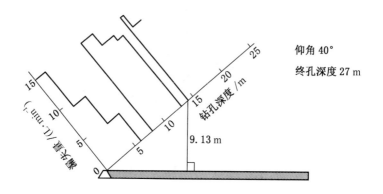

图 5 – 15　第三组钻孔在停采线附近采后钻孔漏失量示意图

5.2.4　观测结果分析

切眼附近（距切眼约 30 m）第一组钻孔采前观测结果和漏失量，表明了采前 7 煤底至 8 煤顶板之间岩层的原始裂隙发育规律，各层粉砂岩原始裂隙较发育，局部漏失量达到 12 L/min；四灰原始裂隙不发育，漏失量多数为零。

第一组钻孔采后观测结果和漏失量是工作面初次来压后 7 煤底板破坏深度发育规律，从漏失量可以看到，在孔深 0 ~ 5 m 段漏失量均为零，表明灰岩完整性好，初次来压对四灰未产生影响；在孔深 6 ~ 15 m 段均有一定的漏失量，对比采前漏失量可以看到，漏失量数值大小有所变化，采前漏失量为零的局部岩层，采后初次来压已受影响，岩层裂隙局部已经连通；孔深 18 ~ 20 m 段漏失量均比采前小；而在孔深 22 m 以后漏失量为 1.2 ~ 5.2 L/min，采前漏失量均为零，表明工作面初次来压后，7 煤底板破坏深度已经达到孔深 22 m 处，按照该处距 8 煤顶板 14.14 m，7 煤到 8 煤间距为 28.8 m 计算，工作面初次来压后 7 煤底板破坏深度为 14.66 m。

第二组钻孔采后观测结果和漏失量是距切眼 100 m 时的 7 煤

底板破坏深度发育规律。从漏失量可以看到，在孔深 0～3 m 段漏失量不为零，其为岩石松动圈的发育特征；在孔深 6～19 m 段漏失量的规律与第一组钻孔采后漏失量的规律相似；在孔深 23 m 以后漏失量均大于 9 L/min，表明 7 煤底板破坏深度已经达到孔深 23 m 处，按照该处距 8 煤顶板 14.8 m，该处 7 煤到 8 煤间距为 30 m 计算，距切眼 100 m 处 7 煤底板破坏深度为 15.2 m。

第三组钻孔采后观测结果和漏失量是工作面停采 13 d 后，在停采线附近观测到的 7 煤底板破坏深度发育规律。从漏失量可以看到，在孔深 0～5 m 段漏失量不为零，漏失量最大达到 15 L/min，显示为岩石松动圈的发育特征；孔深 8～12 m 段漏失量的规律与第二组钻孔采后漏失量的规律相似；孔深 13～14 m 段漏失量为零；而孔深 14.2 m 漏失量突然增大为 14 L/min，钻杆推至 14.7 m 时已推不动，钻孔严重变形，测得漏失量为 12 L/min，表明 7 煤底板破坏深度已经达到孔深 14.2 m 处，该处距 8 煤顶板 9.13 m，按照该处 7 煤到 8 煤间距为 30.69 m 计算，停采线附近 7 煤底板破坏深度为 21.56 m。

综合分析三组钻孔采后观测结果可知，在工作面回采过程中，底板破坏深度是不断变化的，第三组钻孔采后观测结果为开采 7 煤底板破坏深度最大值，即为 21.56 m。

5.3 结果比较

通过将《建筑物、水体、铁路及主要井巷煤柱留设与压煤开采规程》中公式 $h_1 = 0.0085H + 0.1665\alpha + 0.1079L - 4.3579$ 计算的 51302 工作面及 7105 工作面的底板破坏深度，应力－损伤底板破坏深度理论计算式（3－24）计算的两工作面底板破坏深度及第 4 章中由 RFPA 对 51302 工作面模拟得出的底板破坏深度分别与实测结果进行比较，结果见表 5－6。为了方便起见，绝对误差用 A 表示，单位 m；相对误差用 B 表示，单位用百分数（％）表示。

表5-6 比 较 结 果

工作面	规程计算值/m	式(3-24)计算值/m	RPPA软件模拟值/m		实测值/m	规程计算值与实测值比较		式(3-24)计算值与实测值比较		RFPA软件模拟值与实测值比较			
			损伤	完整		A	B	A	B	损伤		完整	
										A	B	A	B
51302	20.88	35.6	33	18	36	14.12	40.3	0.6	1.7	2	5.7	17	48.6
7105	10.36	21.03			21.56	11.2	52.0	0.53	2.5				

根据计算结果分析可知，对于51302工作面采用规程计算的结果与实测相比较，绝对误差为14.2m，相对误差为40.3%；式（3-24）计算的结果与实测结果相比较，绝对误差为0.6m，相对误差为1.7%；采用RFPA软件进行模拟，考虑岩体损伤时，绝对误差为2m，相对误差为5.7%，未考虑岩体损伤时，绝对误差为17m，相对误差为48.6%。对于7105工作面，规程计算的结果与实测相比较，绝对误差为11.2m，相对误差为52%；式（3-24）计算的结果与实测结果相比较，绝对误差为0.53m，相对误差为2.5%。根据以上分析说明，采场底板是损伤的，只有在底板破坏深度计算与模拟时考虑底板损伤变量，其计算结果才更符合实际。

5.4　本章小结

本章主要是利用高密度电阻率探测及钻孔封堵注水技术分别对良庄井田51302工作面及白庄井田7105工作面进行现场实测，得出以下结论：

（1）煤层开采对断层破碎带起到活化的作用，随着工作面推近，断层活动性增强，使得底板损伤进一步加重，导致底板破坏深度进一步加大。当工作面推进长度接近工作面斜长（倾斜宽）时，底板破坏深度达到最大，51302 工作面的底板最大异常破坏深度可达 35 m。

（2）根据钻孔开采前后漏失量的情况，得出 7105 工作面初次来压时，底板破坏深度为 14.66 m，周期来压时底板破坏深度为 15.2 m，工作面停采后最大异常破坏深度为 21.56 m。说明工作面在回采过程中，底板损伤进一步加大，底板破坏深度也是逐渐加大，在回采结束后，底板破坏深度达到最大值。

（3）通过将规程计算结果、应力－损伤耦合状态下底板破坏深度式（3－24）计算结果、RFPA 软件模拟结果分别与实测结果相比较，说明在底板破坏深度计算与模拟时考虑底板损伤变量，计算结果才更符合实际。

6 采场损伤底板破坏深度
预 测 研 究

目前，研究底板破坏带的方法很多，主要是通过理论计算、数值模拟等方法，获得的底板破坏深度一般为 10 ~ 20 m。但是很多情况下，现场实测的底板破坏深度远远大于这个数值[156,157]，这是因为在理论计算或者数值模拟过程中没有将底板的损伤变量考虑进去。因此，把损伤变量引入底板破坏深度预测中就显得尤为重要。本章利用 BP 神经网络方法和多源信息融合的方法对损伤底板破坏深度进行预测。

6.1 基于 BP 神经网络的底板破坏深度预测

煤层底板岩层具有十分复杂的力学特性，它的力学行为是多种因素共同作用的结果。这些影响因素有些是确定的、定量的，有些是随机的、定性的、模糊的，并且有可能存在复杂的非线性关系，用数学或力学的方法很难全面而准确地描述。因此，只能将一个或少量因素作变量来建立函数关系进行计算。由于忽略了一些因素，其计算结果与实际难免存在一定的差异，应用范围也因而受到一定的限制。人工神经网络技术具有自组织、自学习和强容错的性能，具有同时处理确定性和不确定性的动态非线性信息的能力，能建立起复杂的非线性映射关系，因而在岩石力学、采矿工程等领域得到了越来越广泛的应用。

6.1.1 BP 网络的概述

BP 网络即误差回传神经网络（Back – Propagation Neural Network），它是一种无反馈的向前网络。网络中的神经元分层排列，除了有输入层、输出层之外，还至少有一层隐蔽层，每一层神经元的输出均传送到下一层，这种传送由连接权来达到增强、减弱或抑制这些输出的作用，除了输入层的神经元外，隐蔽层和输出层神经元的净输入是前一层神经元输出的加权和，每个神经元均由它的输入、活化函数和阀值来决定它的活化程度。

典型的 BP 网络结构如图 6-1 所示，是多层、前馈网络模型，各层之间实现全互连接，各层之内无连接。它的前一层的输出是后一层的输入，前、后层之间的各神经元实现全互连接，而每层内各神经元之间没有连接。多层前向网络的第一层叫输入层，最后一层叫输出层，中间各层叫隐含层。

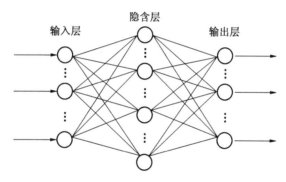

图 6-1　三层 BP 网络结构

6.1.2　基本 BP 算法的局限性

在神经网络的研究历史中，与前期的神经网络相比，基本 BP 网络在网络理论和网络性能上都更成熟。但是，它并不是十分完善，基本 BP 算法存在以下一些局限性。

1. 网络训练的收敛速度很慢

基本 BP 算法在实际应用中，网络训练的收敛速度很慢，这主要是由于为了保证网络的稳定性，取较小的学习速率造成的。BP 网络的误差函数曲面不是一个二次函数，曲率在变量空间中变化很大。在曲面的一些区域，曲面很平坦，变化不大，网络训练需要较大的学习速率；在曲面的另一些区域，误差曲面较陡峭，曲率很大，如果算法采用大的学习速率，算法将变得不稳定，开始发散，因此，网络训练需要小的学习速率。

2. 网络训练容易陷入局部最小值点

BP 网络的误差函数曲面是"凹凸不平"的，可能有许多"小坑"和一个"最低点"，即可能存在许多局部极小值点，有一个全局最小值点。基本 BP 算法采用最速下降法，训练从误差曲面的某一初始点开始，沿曲面下降的方向滑向曲面的某一"谷底"，这个"谷底"可能是全局最小值点，也可能是局部极小值点。因此，网络训练容易陷入局部极小值。

3. 网络训练容易陷入 S 型函数的饱和区

如果神经元采用 S 型激活函数，当权值太大或学习速率太大，可能使网络计算"陷入"S 型激活函数的饱和区，在这种情况下，S 型函数的导数很小，导致权值和偏差的修正值也很小，如果 S 型函数的导数趋近于零，则权值和偏差的修正值也趋近于零，则网络对权值和偏差的调节作用几乎停顿下来，这种现象称为"麻痹现象"。

4. 网络的学习和记忆不稳定

人类的大脑有记忆的稳定性，新的信息的记忆不会影响已记忆的信息。当要求一个训练好的 BP 网络再学习一组新的记忆模式时，原来训练好的权值和偏差被破坏，导致已经记忆的学习模式的信息消失。为了避免这种情况发生，必须将原来的学习模式与新的学习模式放在一起重新训练。

5. 隐含层的选取无统一理论指导

网络的隐含层的层数和每个隐含层的神经元数的选取没有一个统一而完整的理论指导，而是根据经验确定，使网络产生很大的冗余，从而增加了网络学习和仿真的时间。

由于基本 BP 算法存在的局限性，在实际应用中，很少直接使用基本 BP 算法，而是使用改进或优化以后的 BP 算法。

6.1.3　BP 算法的改进

在论述了基本 BP 算法的原理，指出了它的局限性后，将探讨基本 BP 算法的改进方法。下面我们从应用的角度，说明设计 BP 网络的方法和经验，在设计中，从解决基本 BP 算法的局限性入手，论述其改进算法，从而设计出一个实用的 BP 网络。

评价一个网络设计的好坏，首先考察它的精度，其次考察它的训练时间。训练时间包括两个方面指标，一个是循环次数，另一个是每次循环中所用的时间。

设计一个 BP 网络，一般需要考虑网络的层数、每层神经元节点数、每个神经元的激活函数、网络的权值、偏差的初始值和学习速率等。下面讨论这几方面的选取原则。

1）网络的层数

1989 年，K. M. Hornik，M. Stinchcombe 和 H. White 证明了具有任意 S 型函数的多层前向网络能够逼近任意从一个有限维空间到另一个有限维空间的 Borel 可测函数。这个理论给出了设计 BP 网络的一个原则：具有一个隐含层的网络，隐含层具有足够多的神经元，且隐含层神经元的激活函数是 S 型函数，输出层神经元的激活函数是线性函数，这样的网络可以逼近任何实际的函数。

增加网络的层数可以进一步降低误差，提高精度，但同时也使网络复杂化，从而增加了网络训练的时间。实际上，可以通过增加隐含层神经元节点数来降低误差，提高精度。因此，一般应优先考虑增加隐含层神经元节点数。

2）隐含层神经元节点数

设计网络时，应尽可能地考虑减少网络的规模，以减少网络的训练时间。

对一个 BP 网络，可以通过采用一层隐含层，增加隐含层神经元节点数来提高精度。隐含层神经元节点数的选取直接关系到网络设计的好坏。一方面，神经元太少，网络不能很好地学习，需要训练的次数也多，训练精度也不高；另一方面，神经元太多导致计算量增加。

隐含层神经元节点数的选取应尽可能地少，在能解决问题的前提下，再加上 1 到 2 个神经元以加快误差下降速度即可。

3）初始权值的设置

初始权值的设置对于网络训练是否能达到全局最小点、是否能收敛以及训练的时间的长短有很大关系。初始权值设置原则：不能把初始权值设置为 0，也不能把初始权值设置得过大。如果初始权值太大，使加权后的神经元的激活函数的输入绝对值太大，使 S 型激活函数的输出处于"饱和区"。在"饱和区"，激活函数的输出趋近于某个值，变化几乎为 0，称为"饱和现象"，这样导致激活函数的导数 $[f(z)]'$ 趋近于 0，在权值修正公式中，因为 $\delta \propto [f(z)]'$，当 $[f(z)]' \to 0$ 时，则 $\delta \to 0$，从而导致 $\Delta w \to 0$，这使得网络的调节过程几乎停顿下来，这种现象也称为"麻痹现象"。

1990 年，D. Nguyen 和 B. Widrow 介绍了一种为 BP 网络设置初始权值和偏差值的方法。根据 S 型激活函数的形状和输入模式的各个数据变量的取值范围决定权值的大小，权值的数量级取 $\sqrt[n]{S_1}$，其中 n 是输入模式数据的变量个数，S_1 是网络的第一隐含层的神经元节点数，用偏差值将 S 型激活函数的图形移到操作区域的中央。这种方法只应用于第一隐含层的初始权值的设置上，后面各层的初始权值的设置仍然是在某一小的固定范围内生成均匀分布的随机数。

4）学习速率

学习速率决定每次训练循环中所产生的权值变化量。大的学习速率可能导致系统的不稳定；但小的学习速率导致较长的训练时间，收敛速度可能很慢，不过能保证网络的误差值不跳出误差曲面的低谷而最终滑向最小误差值。因此，一般选取较小的学习速率来保证系统的稳定性，选取范围一般在 0.01 ~ 0.8 之间。

5）BP 网络仿真

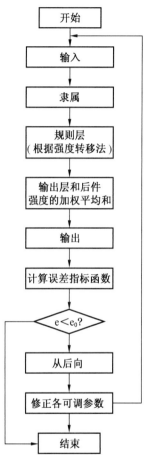

图 6-2 改进 BP 神经网络学习算法流程图

在应用 BP 网络仿真时，首先用训练模式样本数据训练 BP 网络，确定网络的权值和偏差；然后，把仿真样本数据提供给网络的输入层，仿真样本数据从输入层经隐含层向输出层正向传播，计算出 BP 网络的仿真输出。

6.1.4　改进的 BP 算法

从上面的讨论可知，采用附加动量法使网络可以跳出局部最小值，自适应学习率可以保证网络总是以最大的可接受的学习速率进行训练，从而提高学习速度，而采用双极性 S 型压缩函数可以有效地减少收敛时间。因此本文对 BP 算法结合附加动量法和自适应学习率进行改进，并采用双极性 S 型压缩函数法进行转移函数 tan*sig*，取得了良好的效果，改进算法的程序图如图 6-2 所示。

MATLAB 的神经网络工具箱提供了标准的 BP 算法程序，本文使用的程序正是在这基础上进行开发的，这里给出改进算法的程序图框和部分源程序及相应的注释和分析。

Function[a,b,c,d,e,f,g,h] = trainbpx(i,j,k,l,m,n,o,p,q, r,s,t)

Nntobsf('trainbpx','Use NNT2FF and TRAIN to updata and train your network')

if all([5 6 8 9 11 12] ~ = nargin),error('Wrong number of input arguments'），end

    if nargin ==5

      [a,b,c,d] = tbpx1(i,j,k,l,m)；

    elseif nargin ==6

      [a,b,c,d] = tbpx1(i,j,k,l,m,n)；

    elseif nargin ==8

      [a,b,c,d,e,f] = tbpx2(i,j,k,l,m,n,o,p)；

    elseif nargin ==9

    [a,b,c,d,e,f] = tbpx2(i,j,k,l,m,n,o,p,q)；

    elseif nargin ==11

      [a,b,c,d,e,f,g,h] = tbpx3(i,j,k,l,m,n,o,p,q,r,s)；

    elseif nargin ==12

      [a,b,c,d,e,f,g,h] = tbpx3(i,j,k,l,m,n,o,p,q,r,s,t)；

    End

这段程序首先判断输入自变量的个数来判断所用的 BP 网络有 1 个隐层还是 2 个隐层（最多支持 2 个隐层），确定需要调用哪个子函数，由于本文使用 2 个隐层，此程序调用了 tbpx3（）函数，而 tbpx3（）函数又调用了 learnbpm（）函数，为了便于理解给出这两个函数源程序。如下：

Tbpx3（）函数：

Function[w1,b1,w2,b2,w3,b3,I,tr] = tbpx3(w1,b1,f1,w2,b2,f2,w3,b3,f3,p,t,tp)

% [W1,B1,W2,B2,W3,B3,TE,TR] = TBPX3(W1,B2,F1,W1,B1,F2,W3,B3,F3,P,T,TP)

% TBPX 中的 Wi——第 i 层的权重矩阵

% TBPX 中的 Bi——第 i 层的阈值矢量

% Fi——第 i 层的转移函数

% P——R×Q 维输入矢量矩阵

% T——S×Q 维目标矢量矩阵

% TP——可选的训练参数

% 返回

% 输出的 Wi——新的权重矩阵

% 输出的 Bi——新的阈值矩阵

% TE——实际的训练次数

% TR——训练出错行记录

```
if nargin < 11, error('Not enough arguments.');end
```

% 默认的训练参数

```
if nargin == 11,   tp = [ ];end
tp = nndef(tp,[25 1000 0.2 0.01 1.05 0.7 0.9 1.04]);
df = tp(1);
me = tp(2);
eg = tp(3);
lr = tp(4);
im = tp(5);
dm = tp(6);
mc = tp(7);
er = tp(8);
df1 = feval(f1,'delta');
df2 = feval(f2,'delta');
df3 = feval(f3,'delta');
dw1 = w1 * 0;
db1 = b1 * 0;
dw2 = w2 * 0;
db2 = b2 * 0;
dw3 = w3 * 0;
db3 = b3 * 0;
MC = 0;
```

% 正向计算阶段

```
a1 = feval(f1,w1 * p,b1);
a2 = feval(f2,w2 * a1,b2);
a3 = feval(f3,w3 * a2,b3);
e = t - a3;
SSE = sumsqr(e);
% 训练记录
tr = zeros(2, me+1);
tr(1:2, 1) = [SSE;lr];
% 绘制曲线
[r,q] = size(p);
[s,q] = size(t);
Plottype = (max(r,s) == 1) & 0;
Mewplot;
Message = sprintf('TRAINBPX:% % g/% g epochs,lr = % % g,
SSE = % % g. \n',me);
Fprintf(message,0,lr,SSE)
if plottype
    h = plotfa(p,t,p,a3);
else
    h = plottr(tr(1:2, 1), eg);
end
% 反向传播阶段
d3 = feval(df3,a3,e);
d2 = feval(df2,a2,d3,w3);
d1 = feval(df1,a1,d2,w2);
for i = 1:me
% 检验误差是否达到目标,是则退出,否则继续
if SEE < eg,i = i-1;break,end
% 学习阶段:计算各层权矩阵增量
```

```
[ dw1,db1 ] = learnbpm( p,d1,lr,MC,dw1,db1 );
[ dw2,db2 ] = learnbpm( a1,d2,lr,MC,dw2,db2 );
[ dw3,db3 ] = learnbpm( a2,d3,lr,MC,dw3,db3 );
MC = mc;
new_w1 = w1 + dw1;new_b1 = b1 + db1;
new_w2 = w2 + dw2;new_b2 = b2 + db2;
new_w3 = w3 + dw3;new_b3 = b3 + db3;
% 正向计算,看能否减小误差
  new_a1 = feval( f1,new_w1 * p,new_b1 );
  new_a2 = feval( f2,new_w2 * new_a1,new_b2 );
  new_a3 = feval( f3,new_w3 * new_a2,new_b3 );
  new_e = t − new_a3;
  new_SSE = sumsqr( new_e );
% 动量项和自适应学习率阶段
  if new_SSE > SSE * er
  lr = lr * dm;
  MC = 0;
Else
    if new_SSE < SSE
  lr = lr * im;
  end
w1 = new_w1;b1 = new_b1;a1 = new_a1;
w2 = new_w2;b2 = new_b2;a2 = new_a2;
w3 = new_w3;b3 = new_b3;a3 = new_a3;
e = new_e;SSE = new_SSE;
% 反向传播阶段
d3 = feval( df3,a3,e );
d2 = feval( df2,a2,d3,w3 );
d1 = feval( df1,a1,d2,w2 );
```

```
end
% 训练记录
tr(1:2,  i+1) = [SSE;lr];
% 绘制曲线
if rem(i,  df) ==0
   fprintf(message,i,lr,SSE)
if plottype
    delete(h);
   h = plot(p,  a3);
else
   h = plottr(tr(1:2,  1:(i+1)),eg,h);
end
   end
     end
```

% 训练记录

```
tr = tr(1:2,  1(i+1));
```

% 绘制曲线

```
if rem(i,  df) ~=0
fprintf(message,i,lr,SSE)
if plot(p,a3);
   else
      plottr(tr,eg,h);
end
   end
```

% 若训练失败,给出警告信息

```
if SSE > eg
   disp('')
   disp('TRAINBPX:Netwok error did not reach the error goal')
   disp('Further training may be necessary,  or try different')
```

```
disp('initial weights and biases and/or more hidden neurons.')
disp('')
end
```

在这段程序中，当输入矢量和目标矢量都是一维时，显示函数逼近各个点的曲线图，当超过一维时，显示误差变化和学习速率随训练次数增加的变化曲线。Nndef 函数用给出的向量作为缺省的参数，当调用函数时如果没有给出参数，可用它们代替。Sumsqr 函数用来求向量的误差平方和。Newplot 函数用于将界面上显示的曲线重画。Feval 函数可以根据用户输入的函数名称和参数调用字符串调用相应的函数，参数第一项是函数名称，其他项是参数。首先正向计算网络输出，计算输出和目标输出的误差平方和，同时记录误差值、绘制误差曲线，接着将误差平方和反向传播依次修改输出层、第二隐层、第一隐层的权值和阈值。执行一个循环，循环的次数就是最大训练次数，循环体中首先进行判断，若误差平方和小于目标误差平方和，退出程序，否则重复正向计算，误差反向传播这一过程。在反向传播前判断，若误差平方和小于前次的误差平方和，则增大学习速率，否则当比前次误差平方和还大得多时，减小学习速率，大得不多时保持学习速率，实现学习速率自适应变化。反复重复这一过程，当达到最大训练次数还未收敛时给出警告信息。循环体中的学习过程调用了 learnbpm 函数实现动量附加，其代码如下：

```
Function[dw,db] = learnbpm(p,d,lr,mc,dw,db)
% 动量附加法 BP 算法
if nargin < 5, error('Not enough input argument'), end
x = (1 - mc) * lr * d;
dw = mc * dw + x * p´;
if nargout == 2
[R,Q] = size(p);
db = mc * db + x * ones(Q,1);
```

end

这段程序中 mc 是动量系数，函数的输入中有前次的权值和阈值变化量，新的权值除了受误差反向传播控制外，还受前次的权值和阈值变化量（即附加的动量）的影响，完成动量附加的功能。

下面通过一个实例来说明采用改进的 BP 算法的优点。例如有 21 组单输入矢量和对应的目标矢量，设计神经网络来实现这对数组的函数关系。

P = −1:0.1:1;

T = [−0.87 −0.024 0.356 0.468 0.659 0.66 0.486 0.203⋯

−0.192 −0.456 −0.56 −0.40 −0.175 0.094 0.351⋯

0.406 0.365 0.1 −0.04 −0.256 −0.34];

分别采用改进 BP 算法、标准 BP 算法、附加动量法、附加动量法结合自适应学习率 3 种算法对网络进行训练，采用相同的网络结构和参数，都只用一个隐层，隐层神经元数为 5，误差平方和的目标值为 0.08，最大训练次数 8000，得到如图 6-3 至图 6-6 所示的结果。

图 6-3 为用改进的 BP 算法训练 1665 次后网络逼近这 21 组

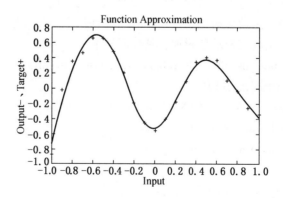

图 6-3　改进的 BP 算法训练曲线图

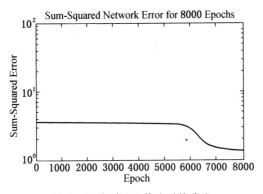

图 6-4　标准 BP 算法训练曲线

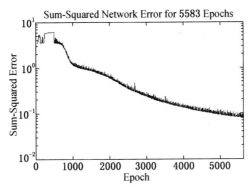

图 6-5　附加动量法训练曲线

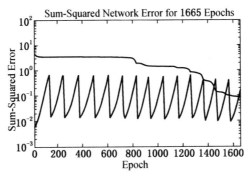

图 6-6　采用附加动量法结合自适应学习率训练曲线图

矢量的曲线拟合图，其中横轴为输入，纵轴为输出，+号代表已给目标矢量，曲线为测试的网络输出。图 6 - 4 为采用标准 BP 算法训练的误差曲线。图 6 - 5 为采用附加动量法调用 trainbpa 函数训练的误差曲线，学习速率，动量常数用默认值。

图 6 - 6 为采用附加动量法结合自适应学习率及双极性 S 型压缩函数法改进的 BP 算法训练的误差曲线，初始学习速率、动量常数等均采用默认值，其中上部为误差曲线，下部为学习速率的变化曲线。

图 6 - 3 至图 6 - 6 为采用不同算法的训练误差曲线，比较训练误差曲线的结果可以看出，采用标准 BP 算法训练 8000 次仍未达到预期精度，可能陷入了局部极小值。附加动量法训练 5583 次达到预期精度，而附加动量法结合自适应学习率及双极性 S 型压缩函数法改进的 BP 算法仅 1665 次即达到预期精度，说明采用改进后的算法收敛速度明显加快，且不易陷入局部极小值，所以更为优越。

6.1.5　BP 神经网络在底板破坏深度中的应用

影响底板破坏深度的因素很多，在这些因素中，有些是定性的，有些是定量的，还有些是随机的，按照信息论的观点，其中的大部分要素是伴有噪声的，这些噪声直接影响底板破坏深度预测的准确性，但从数学建模的角度讲，若把所有的因素纳入神经网络模型中，不仅不必要，也是不可能的。实际问题中，要求能用一定的数学模型（如 BP 神经网络）刻画一定的物理模型（如底板破坏深度的预测），保持数学模型较高的仿真能力，同时要求这种数学模型的求解（人工神经网络中的离散、训练、预测）不至于发生太大的困难，这是建立任何数学模型（包括底板破坏深度预测的神经网络模型）首先需解决的重大问题。基于 BP 神经网络的底板破坏深度的模型的构建，是在考虑底板破坏各影响因素作用的同时，将各种影响因素按一定的标准定量化，形成一个样本，统计实际生产中多个工作面的各种影响因素及底板破坏深度，作为神经网络的学习样本和测试样本，经过多次网络训练获得最优网络结构，从而根据建立好的网络模型预测其他工作面的底板破坏深度。

1. 煤层底板破坏深度的影响因素量化

对影响长壁开采、全部垮落法管理顶板时底板破坏深度的因素归纳为开采深度、煤层倾角、开采厚度、工作面长度、底板岩层损伤度和有无断层等6个方面。对于定量因素可直接作为变量输入，对定性因素采用相应的代码输入。如本文在考虑断层的影响时，若无切穿型断层或破碎带时，变量输入为0，有切穿型断层或破碎带时，则变量输入为1。

2. 构建模型

1）样本的获取

根据BP神经网络构建选择样本的原则，需要对影响底板破坏因素进行量化。根据我国现有的典型的煤层底板破坏深度实测资料，统计各个工作面的采深、煤层倾角、采厚、工作面斜长、煤层底板损伤变量及是否有切穿型断层或破碎带6个方面的情况，并根据对影响因素量化的规定，对各个因素按统一标准进行量化。选取30个工作面的现场实测数据[158]作为BP神经网络的学习训练样本和测试样本，具体样本情况见表6-1。

表6-1 学习样本和检验样

| 序号 | 工 作 面 地 点 | 地质采矿条件 | | | | | | 破坏带深度/m |
		采深/m	煤层倾角/(°)	采厚/m	工作面斜长/m	煤层底板损伤变量	是否有切穿型断层或破碎带	
1	邯郸王凤矿1830面	123	15.0	1.10	70	0.2	0	7.00
2	邯郸王凤矿1951面	123	15.0	1.10	100	0.2	0	13.4
3	峰峰二矿2701(1)	145	16.0	1.50	120	0.4	0	14.00
4	峰峰三矿3707	130	15.0	1.40	135	0.4	0	12.00

表6-1（续）

序号	工作面地点	地质采矿条件						破坏带深度/m
		采深/m	煤层倾角/(°)	采厚/m	工作面斜长/m	煤层底板损伤变量	是否有切穿型断层或破碎带	
5	峰峰四矿4804	110	12.0	1.40	100	0.4	0	10.70
6	肥城曹庄矿9203	148	18.0	1.80	95	0.8	0	9.00
7	肥城白庄矿7406	225	14.0	1.90	130	0.8	0	9.75
8	淄博双沟矿1204	308	10.0	1.00	160	0.6	0	10.50
9	淄博双沟矿1208	287	10.0	1.30	130	0.6	0	9.50
10	澄合二矿22510	300	8.0	1.80	100	0.4	0	10.00
11	韩城马沟梁矿1100	230	10.0	2.30	120	0.6	0	13.00
12	鹤壁三矿128	230	26.0	3.50	180	0.6	0	20.00
13	新庄孜矿4303(1)	310	26.0	1.80	128	0.2	0	16.80
14	新庄孜矿4303(2)	310	26.0	1.80	128	0.2	1	29.60
15	邢台矿7802面	259	4.0	5.40	160	0.6	0	16.40
16	邢台矿7607窄面	320	4.0	5.40	60	0.6	0	9.70
17	新汶华丰矿41303	520	30.0	0.94	120	0.6	0	13.00
18	井陉一矿4707小1	400	9.0	7.50	34	0.4	0	8.00
19	井陉一矿4707小2	400	9.0	4.00	34	0.4	0	6.00
20	井陉三矿5701(1)	227	12.0	3.50	30	0.4	0	3.50
21	井陉三矿5701(2)	227	12.0	3.50	30	0.4	1	7.00
22	开滦赵各矿1237(1)	900	26.0	2.00	200	0.6	0	27.00
23	开滦赵各矿1237(2)	1000	30.0	2.00	200	0.6	0	38.00
24	霍县曹村11-014	200	10.0	1.60	100	0.2	0	8.50
25	吴村煤矿32031(1)	375	14.0	2.40	70	0.6	0	9.70
26	吴村煤矿32031(2)	375	14.0	2.40	100	0.6	0	12.90
27	邯郸王凤矿1930	118	18.0	2.50	80	0.2	0	10.00
28	邢台矿7607宽面	320	4.0	5.40	100	0.6	0	11.70
29	井陉一矿4707大面	400	9.0	4.00	45	0.4	0	6.50
30	吴村煤矿3305	327	12.0	2.40	120	0.6	0	11.70

2）模型构建

在构建 BP 神经网络模型时，利用 MATLAB 编写程序进行仿真训练。将表 6–1 中的第 1~26 个实例样本作为学习样本对网络进行训练，其余的 4 个实例作为测试样本用于检验网络的性能。

在进行 BP 神经网络训练时，P 为 BP 网络输入向量组成的矩阵，T 为目标输出向量组成的矩阵。$P(6 \times 26)$ 为底板破坏深度的影响因素，$T(1 \times 26)$ 为实际底板破坏深度。在 MATLAB 中利用 newff 函数构造神经网络，并确定相应的网络训练参数。

3. 网络的学习训练

人工神经网络的设计还没有一套完善的、可以遵循的理论和方法，常规的做法是进行多次实验，构造多种模型，在不断试算中加以改进，直到获得满意的结果为止。通过对选中的 8 种试验性网络结构分别进行训练，本文在选择试验网络方面，共进行了 8 次试验，分别选择两层和三层神经网络结构，其中对于两层神经网络结构，隐层神经元个数分别为 12、14、16、18；三层神经网络结构，每个隐层神经元个数采用循环式，分别为 7：9，10：12，13：15；16：18，这种神经元层数的选择，可以利用上一次神经网络内部的参数调整影响下一次的网络模拟，试验网络结构见表 6–2。

表 6–2　试　验　网　络　结　构

试验网络 ID	网络层数	隐层神经元数 n	激　励　函　数		
			输入层	隐层之间	输出层
1	2	12	Sigmoid		线性
2	2	14	Sigmoid		线性
3	2	16	Sigmoid		线性
4	2	18	Sigmoid		线性
5	3	7：9	Sigmoid	Sigmoid	线性

表 6-2（续）

试验网络 ID	网络层数	隐层神经元数 n	激励函数		
			输入层	隐层之间	输出层
6	3	10∶12	Sigmoid	Sigmoid	线性
7	3	13∶15	Sigmoid	Sigmoid	线性
8	3	16∶18	Sigmoid	Sigmoid	线性

模拟得到各个试验网络均方误差的均值见表 6-3。

表 6-3 试验网络均方误差

试验网络编号	第 1000 个训练周期均方误差均值	最终均方误差均值
1	0.6302	0.099
2	0.5835	0.099
3	0.5800	0.099
4	0.4070	0.099
5	1.0332	0.099
6	0.1057	0.099
7	0.4363	0.099
8	0.0244	0.099

目标输出与实际输出之差的散点图如图 6-7、图 6-8 所示。

以试验网络中误差值分布在 -0.1 ~ 0.1 之间为评价标准。从图 6-7 中可以看出，两层试验网络中，试验网络 1，误差变化范围比较大且误差的变化不稳定；试验网络 2、试验网络 3 和试验网络 4 网络误差趋于稳定且大部分误差均分布在 -0.1 ~ 0.1，但分别有两个点的误差变化较大。从图 6-8 中可以看出，在三层试验网络中，试验网络 5、试验网络 6 和试验网络 8 的误差范围变化较大且变化不稳定；而试验网络 7 的误差比较稳定，

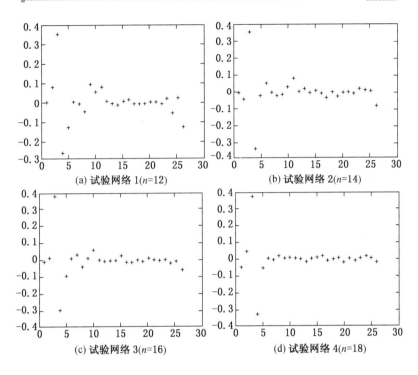

图 6-7　两层试验网络目标输出与实际输出误差散点图

同时与试验 8 中的神经网络结构进行对比，试验网络 7 的误差符合评判的标准且更稳定，只有一个点的误差变化范围较大。所以最终选择三层 BP 网络作为模型结构，隐层神经元数量为 12 个神经元。其他模型的参数采取保守方式，以牺牲训练速度换取模型的稳定性，参数如下：

学习速率　　　　　　　　　　　　　　　　0.5
期望误差　　　　　　　　　　　　　　　　0.01
最大训练周期　　　　　　　　　　　　　　10000
训练函数　　　　　　　　　　　　　　　　traindm
激励函数　　　　　　　　　　　　Sigmoid；Sigmoid；线性函数

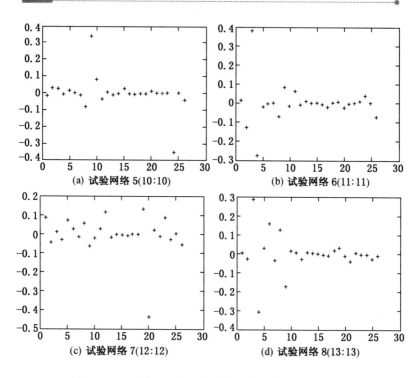

图 6-8　三层试验网络目标输出与实际输出误差散点图

4. 模型预测结果及其检验

1）模型预测结果

本文所选用的改进 BP 神经网络模型用 MATLAB 软件实现。训练选用三层神经网络模型，程序的主体及网络训练参数的设置如下：

$$[Pn, minP, maxP, Tn, minT, maxT] = prestd(P, T);$$

$$s1 = 12; s2 = 12$$

$$[w1, b1, w2, b2, w3, b3] = initff(Pn, s1, 'tansig', s2, 'tansig',$$
$$Tn, 'purelin')$$

$$Df = 10; me = 10000; eg = 0.01; lr = 0.05;$$

Tp = [df　me　eg　lr];

[w1,b1,w2,b2,w3,b3,tp,tr] = trainbpx (w1,b1,'tansig',
w2,b2,'tansig',w3,b3,'purelin',Pn,Tn,tp)

P_testn = trastd (P_test,meanP,stdP);

Y = simuff (P_testn,w1,b1,'tansig',w2,b2,'tansig',w3,
b3,'purelin');

Y1 = poststd (Y,meanT,stdT)

其中，$P(6 \times 26)$ 为底板破坏深度的影响因素组成的训练输入样本，$T(1 \times 26)$ 为实际底板破坏深度组成的目标输出样本。P_n 为 P 标准化后的结果。$P\_test(6 \times 4)$ 为底板破坏影响因素组成的检验输入样本，$Y1(1 \times 4)$ 为仿真后对第 27～30 样本的底板破坏深度的网络输出。'tansig' 和 'purelin' 分别代表 sigmoid 函数和线性函数。训练信息保存于结构变量 tr，而训练得到的网络保存为结构变量 net（其中的信息包括网络结构，连接权矩阵，偏置值等），利用 sim 函数实现 net 的模拟。

通过对网络进行训练，最终选定每个隐层神经元的个数为 13∶15 的三层网络结构。在选用这种隐层神经元的个数模式时，主要利用了神经网络内部参数逐步调整，最终得到满意的结果，训练曲线图如图 6-9 所示。

训练过程曲线的横坐标反映了网络的训练次数，纵坐标分别反映了方差和训练速率的变化，该图反映了网络在训练一定的次数后达到目标要求。

2) 模型检验

用表 6-1 中的 27～30 号数据作为测试样本，对训练好的神经网络进行计算和检验。将神经网络模型的预测结果和根据《建筑物、水体、铁路及主要井巷煤柱留设与压煤开采规程》中公式 $h_1 = 0.0085H + 0.1665\alpha + 0.1079L - 4.3579$ 的计算结果与现场的实测结果进行比较，比较结果见表 6-4。

根据计算结果分析可知：采用神经网络模型计算的煤层采动

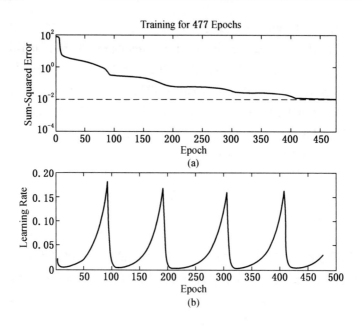

图 6 - 9   训练过程曲线

表 6 - 4   神经网络计算结果与理论计算值、实测值的比较

序号	工作面地点	破坏带深度/m			理论计算值与实测值比较		神经网络模型计算值与实测值比较	
		实测值	理论计算值	神经网络模型计算值	绝对误差/m	相对误差/%	绝对误差/m	相对误差/%
1	邯郸王凤矿 1930	10.00	8.274	9.899	1.726	17.26	0.101	1
2	邢台矿 7607 宽面	11.70	9.818	13.355	1.882	16.08	-1.655	14.1
3	井陉一矿 4707 面	6.50	5.396	6.52	1.131	17.4	-0.02	0.3
4	吴村煤矿 3305	11.70	13.367	11.80	-1.667	14.2	-0.1	0.9

底板导水破坏的最大绝对误差为 1.655 m，最大相对误差为

14.1%；而利用前述规程中给出的 h_1 的计算结果的最大绝对误差为 1.882 m，最大相对误差为 17.4%。说明该网络模型的计算结果比经验公式计算的更接近实际，误差小，精度高，可以满足工程实际的需要。这是因为该网络模型考虑的底板破坏影响因素比规程考虑的因素全面，所以得出的结果更接近实际。

6.1.6 BP 神经网络模型实例应用

上面建立的 BP 神经网络在利用检验样本检验时，取得了良好的效果。下面将建立的好的模型在实际中进行应用。利用 BP 神经网络模型预测良庄井田 51302 工作面和白庄井田 7105 工作面的底板破坏深度。根据现场的实测资料，对底板破坏深度的影响因素进行量化，见表 6-5。

表 6-5 工作面底板破坏深度影响因素量化统计表

工作面	地 质 采 矿 条 件					
	采深/m	煤层倾角/(°)	采厚/m	工作面斜长/m	底板损伤变量	是否有切穿型断层或破碎带
51302	640	12	1.0	165	0.42	1
7105	520	10	1.5	80	0.35	1

建立矩阵 $P_{测}(6 \times 2)$ 作为预测的输入样本，进行归一化后输入到 BP 网络模型，经过模拟仿真，得到 51302 工作面和 7105 工作面的底板破坏深度分别为 35.9 m 和 21.14 m。

6.2 基于多元信息融合的底板破坏深度预测

6.2.1 信息融合的理论基础

信息融合是一门综合性、交叉性的学科，涉及很多相关技术。信息融合技术作为一种多源信息综合处理技术，它的优势主要体现在以下几个方面：

(1) 信息的冗余性：不同来源的信息是冗余的，并且具有不同的可靠性，通过融合处理，可以从中提取出更加准确和可靠的信息。此外，信息的冗余性可以提高系统的稳定性，从而避免因某一来源的数据不准确而对整个系统造成的影响。

（2）信息的互补性：不同信息源提供不同性质的信息，这些信息所描述的对象是不同的环境特征，它们彼此之间有互补性。如果定义一个由所有特征构成的坐标空间，那么每个信息源所提供的信息只属于整个空间的一个子空间，和其他信息源形成的空间相互独立。因为进行了多个独立测量，所以总的可信度提高了，不确定性、模糊性降低。

（3）信息处理的及时性：各信息源的处理过程相互独立，整个处理过程可以采用并行的处理机制，从而使系统具有更快的处理速度，提供更加及时的处理结果。

（4）信息处理的低成本性：多个信息源可以花费更少的代价来得到相当于单个信息源所能得到的信息量。

1. 信息融合的结构

信息融合系统的结构模型应根据应用问题特性来灵活确定。信息融合的结构从根本上分为集中式和分布式。由这两种基本类型进行组合，可以得到多种混合型结构，它们在信息损失、数据通信带宽要求、数据关联、处理精度等方面各有优劣。

（1）集中式结构。所谓集中式处理结构，就是将所有的原始数据全部传送到一个融合中心，由该融合中心来完成对数据的各种处理，然后作出最终决策（或估计），如图 6 - 10 所示。

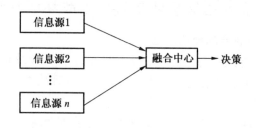

图 6 - 10　信息融合的集中式结构

（2）分布式结构。分布式结构是每个信息源都对获取的数据进行一些预处理，然后把中间结果送到中心处理器，由中心处理器完成最终的融合处理工作，如图 6-11 所示。这种系统作出最终决策不是直接依赖于信息源的原始数据，而是基于各信息源的决策和其他有关信心。分布式结构又可以分为并行结构、串行结构和网络结构。

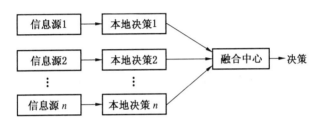

图 6-11　信息融合的分布式结构

（3）混合式结构。混合式结构是集中式结构和分布式结构的一种综合，融合中心得到可能是原始数据，也可能是经过处理之后的中间结果，如图 6-12 所示。

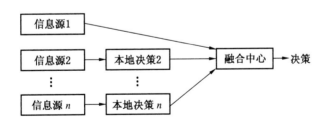

图 6-12　信息融合的混合式结构

2. 信息融合实现算法

信息融合方法是指对不同信息源的数据进行各种数据处理和

符号推理而形成系统结果一致的方法，由具体应用形成的每个研究题目都是整个融合问题的一个子集。虽然信息融合的应用研究已经相当广泛，但信息融合问题本身至今未形成基本的理论框架和有效的广义融合模型和算法。尽管如此，融合方法的研究一直受到人们的重视，不少应用领域的研究人员根据各自的具体应用背景提出了许多比较成熟且有效的融合方法。目前，已有的融合方法大致可分为3类：概率统计方法、逻辑推理方法和学习方法。

图6-13中给出了信息融合算法的其他分类方法，其中每个类别中都包含了许多具体的融合方法，这些方法都有各自的优缺点和适用场合。随着信息融合研究的深入和相关学科的发展，还会出现其他新的融合方法。可用于信息融合的基础理论较多，目前还没有形成一套完整的理论方法，一般是根据不同的应用背景，选择有效的融合算法。

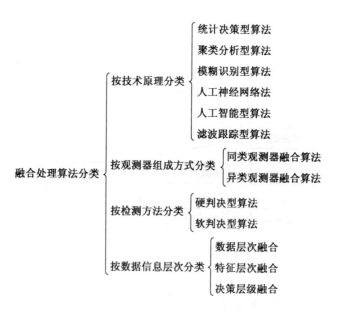

图6-13　信息融合方法分类

6.2.2　多源信息下的可靠性评估体系及模式

对于不同来源的可靠性信息，在融合过程中除了要选用合适的融合方法外，还应该根据工程实际选择适当的融合模式。下面对多源可靠性信息的常见融合模式分别加以介绍。

1. 并行融合模式

并行融合模式是可靠性评估过程中最常见的一类融合模式。多源可靠性信息并行融合策略的基本思想是首先将来自不同信息源的可靠性信息分别作相应处理，然后传递到一个统一的融合中心，在融合中心采用适当的方法综合各种信息得到最终的决策。

在实际应用中并不一定能同时获取图 6-14 中列举的所有相关可靠性信息。通常，我们只能获取某几类或某一类可靠性信息。比如，在产品研制初期，无法获取可靠性试验数据和现场使用数据，能利用的相关可靠性信息仅有可靠性专家提供的经验信息，不同专家经验信息的融合即属于并行融合模式。

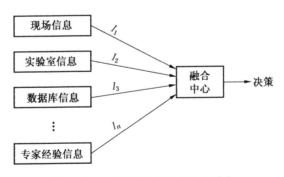

图 6-14　可靠性信息并行融合模式

2. 串行融合模式

串行融合策略是首先将两个信息源的信息进行一次融合，再将上述融合结果与另一个信息源的信息进行融合，依次进行下去，直到所有信息源的信息都融合完为止，如图 6-15 所示。串行融合策略实际上是两个信息源并行融合策略的多级形式。

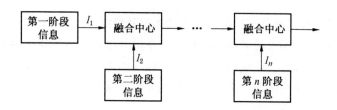

图 6－15　可靠性信息串行融合模式

3. 混合融合模式

混合融合方式是串行融合和并行融合这两种融合方式的结合。混合融合模式在可靠性评估中也经常被采用，例如在大型复杂系统的可靠性评估中，除了小样本的试验数据以外往往还存在着多源先验可靠性信息，如专家经验信息、历史信息、仿真信息和相似产品可靠性信息等。为了综合上述包括小样本试验数据在内的所有可靠性信息，通常需要采用混合融合模式：首先将不同来源的先验信息通过并行融合方式进行处理，得到一个最终的先验分布，该先验分布综合了所有的先验信息；然后再将先验分布与小样本试验数据进行融合得到一个最终的综合结果，如图 6－16 所示。

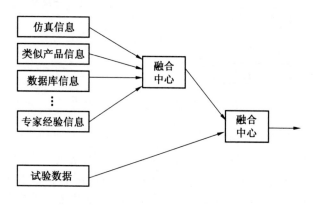

图 6－16　可靠性信息混合融合模式

6.2.3 多源可靠性数据的常见融合方法

在可靠性工程中，可靠性数据的来源非常广泛。由于获取方式和获取手段的不同，不同来源的可靠性数据在表现形式上是多种多样的。例如，在试验数据缺乏的情况下，专家经验等主观信息是一类非常重要的可靠性信息。专家意见的表述方式有很多，可以是可靠性特征量的一个点估计值、区间估计值，甚至是语言值。如果同时获取了多位专家的意见，为了消除不同专家意见的主观倾向性和减少因专家的错判或误判带来的影响，通常需要将不同专家意见进行融合以期得到更可信的可靠性评估结果。在多源信息的融合过程中，当不同信息源提供的信息的表述形式相同时，该融合过程又被称为聚合[159]。下面分别对几种常见形式的数值型可靠性信息的聚合策略进行研究。

通常，可靠性专家对可靠性特征量的最直接和最简单的表述方式就是给出一个点估计值，虽然这种表达方式往往总是不那么可靠和不那么令人满意，但是对于这类数值型可靠性信息融合，有很多的聚合算子可以利用，针对不同的情况可灵活选择不同的算子。

1. 算术平均算子与加权平均算子

算术平均和加权平均是两类最常用的融合算法。假设 a_1，a_2，$\cdots$，a_n 分别是从 n 个不同信息源获得的某可靠性特征量的估计值，记 $N = \{1, 2, \cdots, n\}$，最终融合结果用 $f(a_1, a_2, \cdots, a_n)$ 来表示，则算术平均算子表达式为

$$f(a_1, a_2, \cdots, a_n) = \frac{1}{n} \sum_{i=1}^{n} a_i \qquad (6-1)$$

如果考虑不同信息源的权重差异，则可应用加权算术平均算子，其表达式为

$$f(a_1, a_2, \cdots, a_n) = \sum_{i=1}^{n} w_i a_i \qquad (6-2)$$

其中 $w_i (i \in N)$ 是 a_i 对应的权重，且满足 $w_i \in [0, 1]$，$\sum_{i=1}^{n} w_i = 1$。

当 $w_i = w_2 = \cdots = w_n = \dfrac{1}{n}$ 时，该算法为算术平均法。

权重的确定方法通常有以下两种。

（1）当点估计值 a_i 来自样本量为 N_i 的实验数据时，则可根据式（6-3）来确定不同信息源的权重

$$w_i = \frac{N_i}{N_1 + N_2 + \cdots + N_n} \tag{6-3}$$

（2）当 a_i 来自于专家的判断时，权重 w_i 与专家的可信赖程度成正比。此时，w_i 一般由决策者主观确定。

2. 几何平均算子与加权几何平均算子

在有些情况下，通过算术平均算子计算得出的结果不合逻辑。例如，由专家来估计某个很小的可靠性特征量（如某产品的失效率），专家给出的估计值分别为 10^{-5}、10^{-6}、10^{-7}。根据算术平均算子得到

$$\hat{x} = \frac{10^{-5} + 10^{-6} + 10^{-7}}{3} \approx \frac{1}{3} \cdot 10^{-5}$$

可见，该融合结果实际上只反映了第一位专家的意见。对于这种情况，可采用式（6-4）几何平均（geometric average）算子进行计算：

$$f(a_1, a_2, \cdots, a_n) = \left(\prod_{i=1}^{n} a_i \right)^{\frac{1}{n}} \tag{6-4}$$

则

$$\hat{x} = (10^{-5} \times 10^{-6} \times 10^{-7})^{\frac{1}{3}} = 10^{-6}$$

显然，根据几何平均算子得到的融合结果比较合乎情理。同样，在已知不同信息源权重的情况下，采用式（6-5）加权几何平均算子更为合理

$$f(a_1, a_2, \cdots, a_n) = \prod_{i=1}^{n} a_i^{w_i} \tag{6-5}$$

其中，$w_i(i \in N)$ 是 a_i 对应的权重，且满足 $w_i \in [0, 1]$，$\sum\limits_{i=1}^{n} w_i = 1$。当 $w_i = w_2 = \cdots = w_n = \dfrac{1}{n}$ 时，该算法为算术平均法。

3. 排序加权平均算子

排序加权平均算子是平均算子的一种。一个 n 维排序加权平均算子被定义为一个映射，$F: R^n \to R$，具体形式为

$$F(a_1, a_2, \cdots, a_n) = W^T B \qquad (6-6)$$

其中，$W = (w_1, w_2, \cdots, w_n)$ 为 n 维权值向量，且 $w_i \in [0, 1]$，$\sum\limits_{i=1}^{n} w_i = 1$；$B = (b_1, b_2, \cdots, b_n)$，且 b_i 为 $(a_1, a_2, \cdots, a_n)$ 中第 i 大的值。

排序加权平均算子的核心问题是权值向量 W 的取值。通过选择适当的权向量 W，我们可以获得各式各样的聚合算法。例如，当 $w_i = \dfrac{1}{n} (i = 1, 2, \cdots, n)$ 时，排序加权平均算子退化为算术平均算子。如果 W 支持较大的证据，称为乐观融合；如果 W 支持较小的证据，称为悲观融合。Yager 提出两个参量来衡量排序加权平均算子，第一个参量称为 orness 测度，用以表明排序加权平均算子对于被运算量大小的偏好，也即测量排序加权平均算子的乐观度和悲观度，表示为

$$\alpha(W) = \frac{1}{n-1} \sum_{i=1}^{n} (n-i) w_i \qquad (6-7)$$

第二个参量表示排序加权平均算子在融合过程中的熵的大小，也就是运算中涉及的信息量的多少，表示为

$$H(W) = -\sum_{i=1}^{n} w_i \ln w_i \qquad (6-8)$$

在融合过程中，如果已知融合的乐观度或悲观度，则可以采用最大熵方法确定权向量 W，表示为

$$\max: -\sum_{i=1}^{n} w_i \ln w_i \qquad (6-9)$$

满足约束: ① $\alpha = \dfrac{1}{n-1}\sum\limits_{i=1}^{n}(n-i)w_i$; ② $\sum\limits_{i=1}^{n}w_i = 1$; ③ $0 \leqslant w_i \leqslant 1$, $i = 1,2,\cdots,n$。

在可靠性评估中，假如从不同信息源获取了某产品的可靠度点估计。通常情况下，对产品可靠性的低估比高估造成更大的危害。因此在谨慎的态度下，可采取乐观融合策略，即在融合时将较大的权值赋予较大的估计值。例如，不同专家对某产品的可靠度的点估计值分别为 0.95、0.93、0.96、0.92。权值向量 $W = (0.4，0.3，0.2，0.1)$ 已经事先确定，对专家的估计重新排序 $B = (0.96，0.95，0.93，0.92)$，则根据排序加权平均算子计算得到

$$F = (0.95,0.93,0.96,0.92) = W^T B = 0.947$$

融合的乐观度为

$$\alpha(W) = \frac{1}{3}(3\times0.4 + 2\times0.3 + 1\times0.2) = 0.67$$

6.2.4 多源信息融合下的可靠性评估体系在底板破坏深度预测中的应用

底板采动破坏深度的确定方法有多种，除了"BP 神经网络预测底板破坏深度"这种方法外，还可以用"下四带"理论、理论式（3-24）及 RFPA 软件模拟预测底板破坏深度。

以新汶煤田良庄井田 51302 工作面为例。

①利用"下四带"理论预测的底板破坏深度为 33.9 m；

②利用 BP 神经网络预测的底板破坏深度为 35.9 m；

③利用式（3-24）预测的底板破坏深度为 35.6 m；

④利用式 RFPA 软件模拟的底板破坏深度为 33 m。

这几种结果均为可靠性数据，因考虑因素不同，预测的同一工作面的结果相差较大，对于这几个不同信息源的可靠型数据，采用多源可靠性数据的融合方法进行融合。

1. 算术平均算法

$$f(a_1, a_2, \cdots, a_n) = \frac{1}{n} \sum_{i=1}^{n} a_i = \frac{1}{4}(33.9 + 35.9 + 35.6 + 33)$$
$$= 34.6 \text{ m}$$

2. 加权平均算法

设置这几种预测结果的权重时，采用专家打分的方法，综合专家的意见及预测时考虑影响底板破坏深度因素的多少，其对应的权重分别为 0.2、0.3、0.2、0.3。

$$f(a_1, a_2, \cdots, a_n) = \sum_{i=1}^{n} w_i a_i = 33.9 \times 0.2 + 35.9 \times 0.3 +$$
$$35.6 \times 0.2 + 33 \times 0.3 = 34.57 \text{ m}$$

3. 排序加权平均算子

不同信息源得到的 51302 工作面的破坏深度分别为 33.9 m、35.9 m、35.6 m、33 m。事先设置权值向量 $W = (0.4, 0.3, 0.2, 0.1)$，对预测结果进行排序 $B = (35.9, 35.6, 33.9, 33)$，则根据排序加权平均算子计算得到

$$F(35.9, 35.6, 33.9, 33) = W^T B = 35.12 \text{ m}$$

融合的乐观度为

$$\alpha(W) = \frac{1}{4}(4 \times 0.4 + 3 \times 0.3 + 2 \times 0.2 + 1 \times 0.1) = 0.75$$

根据第 5 章 51302 工作面的实测结果，排序加权平均算子计算的结果最接近实测值，加权平均算法和算术平均算法，计算简单，但计算结果不理想。而排序加权平均算子，只要给出排序，就能得出比较理想的结果。

6.3　应用实例

本节结合肥城煤田实例，说明依据损伤底板破坏深度式 (3-24)、"下四带"理论、BP 神经网络、多源信息融合预测底板破坏深度的有效性和实用性。

6.3.1　损伤底板破坏深度理论公式应用

本文在第 3 章中推导了引入底板损伤变量的底板破坏深度公

式，通过在良庄井田 51302 工作面及白庄井田 7105 工作面的应用，证明了式（3-24）计算底板破坏深度的有效性。

在肥城煤田选取 6 个工作面加以应用。根据矿山压力控制理论、岩石力学理论、结合肥城煤田相关岩石力学测试资料分析，获得表6-6 中的工作面参数，并根据式（3-24）计算出损伤底板的破坏深度。

表6-6　工作面参数及底板破坏深度

工作面	采深/m	K_{max}	$\gamma/(10^3 \text{ kN} \cdot \text{m}^{-3})$	υ	$\varphi_0/$(°)	$\sigma_{1C}/$MPa	a/m	D	$C_0/$MPa	底板破坏深度/m
9101	336	2.5	0.017	0.17	49	5.1	0.1	0.30	2.04	15.29
9507	400	2.4	0.019	0.18	49	5.18	0.1	0.22	1.11	20.36
9906	360	2.5	0.018	0.18	49	4.50	0.1	0.20	1.91	17.99
10305	297	2.9	0.020	0.21	50	4.58	0.1	0.40	1.39	12.41
9207	287	3.1	0.018	0.18	49	2.75	0.1	0.23	0.74	12.48
8203	468	2.9	0.021	0.16	48	6.2	0.1	0.41	2.6	27.43

6.3.2 "下四带"理论在煤层底板破坏深度中的应用

本文在肥城煤田选取 6 个工作面，根据矿山压力控制理论、岩石力学理论，结合肥城煤田相关岩石力学测试资料分析，获得各个工作面的矿山压力最大应力集中系数 K_{max}；通过加权平均法计算获得上覆岩层平均密度 γ；根据实验室力学测试，获得工作面底板节理岩体的贯通强度 σ_1。其工作面参数情况及预测的底板破坏深度见表6-7。

6.3.3 BP 神经网络在煤层底板破坏深度中的应用

通过在白庄煤矿 7105 工作面利用 BP 神经网络预测底板破坏深度的实例，证明了 BP 神经网络模型预测底板破坏深度的有效性。本文在表6-6 中统计的 6 个工作面中利用建立的 BP 神经网络对其进行底板破坏深度预测，各个工作面的参数及预测的底板破坏深度见表6-8。

表6-7 工作面参数及底板破坏深度

工作面	采深/m	K_{max}	$\gamma/(10^3 \text{ kN} \cdot \text{m}^{-3})$	σ_1/MPa	底板破坏深度/m
9101	336	2.5	0.017	11	15.24
9507	400	2.4	0.019	13	20.27
9906	360	2.5	0.018	12	17.97
10305	297	2.9	0.020	14	12.39
9207	287	3.1	0.018	13	12.40
8203	468	2.9	0.021	18	27.39

表6-8 工作面参数及底板破坏深度

工作面	采深/m	煤层倾角/(°)	采厚/m	工作面斜长/m	底板岩体损伤度	是否有切穿型断层或破碎带	底板破坏深度/m
9101	336	6	1.34	100	0.30	1	15.32
9507	400	7	1.34	120	0.22	0	20.38
9906	360	7	1.35	120	0.20	0	18.02
10305	297	6	1.30	60	0.40	1	12.42
9207	287	6	1.10	80	0.23	0	12.54
8203	468	7	1.93	85	0.41	1	27.44

6.3.4 多源信息融合在煤层底板破坏深度中的应用

利用式（3-24）、"下四带"理论及BP神经网络预测分别计算肥城煤田的6个工作面的底板破坏深度，用多源信息融合的方法给出最后的预测结果，见表6-9。

表6-9 各种计算方法的底板破坏深度预测结果   m

工作面	式(3-24)	"下四带"理论	BP神经网络	多源信息融合
9101	15.29	15.24	15.32	15.30
9507	20.36	20.27	20.38	20.35
9906	17.99	17.97	18.02	18.00
10305	12.41	12.39	12.42	12.41
9207	12.48	12.40	12.54	12.49
8203	27.43	27.39	27.24	27.38

通过前面预测分析可知,损伤底板破坏深度公式、"下四带"理论、BP神经网络预测的底板破坏深度时,考虑了底板损伤的影响,其预测结果均与实测相接近。若采用多种方法对同一底板进行破坏深度预测时,对所有的结果进行多源信息融合,最后的预测结果更加接近实际。

6.4 本章小结

本章主要介绍了采场底板破坏深度的预测方法,重点介绍了BP神经网络预测底板破坏深度,并采用多源可靠性数据融合方法对不同方法获得的底板破坏深度进行融合。

(1)建立了基于BP神经网络的底板破坏深度预测模型。选取全国30个典型的开采工作面作为BP神经网络的学习样本和检验样本;借助MATLAB平台,建立了考虑开采深度、煤层倾角、开采厚度、工作面长度、底板损伤变量和有无切穿型断层或破碎带等因素的底板破坏深度预测网络模型。对良庄9井田51302工作面、肥城煤田白庄煤矿7105工作面进行预测,得到底板破坏深度分别为35.9 m和21.14 m。

(2)在介绍多源信息融合及其结构、层次、实现算法的基础上,重点介绍了多源信息可靠性数据的融合方法,并以新汶煤田良庄井田 51302 工作面为例，用 4 种不同的方法预测，得到 4 种信息源的数据，分别采用算术平均算子、加权平均算子和排序加权平均算子的融合方法进行融合，得出算术平均算子的融合结果与实测结果差别较大；加权平均算子依赖于权重的获取；而排序加权平均算子的融合方法采用乐观融合策略，融合结果与实测结果相接近的结论。

（3）在肥城煤田选取 6 个工作面，分别用式（3 – 24）、"下四带"理论和 BP 神经网络对其底板破坏深度进行预测，最后用加权平均算子融合的方法进行融合，获得最后的底板破坏深度预测值。

7 结　　论

7.1　主要成果

本书在分析煤层底板破坏深度现状的基础上，提出了底板岩层损伤对底板破坏深度影响的这一研究课题。通过利用 RFPA 软件模拟采场煤层应力状态，总结了底板岩层的裂纹类型；根据损伤岩体裂纹起裂判据和矿山压力控制理论，推导了应力—损伤耦合及渗流—应力—损伤耦合两种状态下的底板破坏深度计算公式；给出了基于岩石力学试验参数和底板岩体损伤指数法损伤变量的计算方法，从而计算了新汶煤田良庄井田 51302 工作面和肥城煤田白庄井田 7105 工作面的底板破坏深度。利用 RFPA 软件分别将 51302 工作面底板设定为完整型、损伤型及渗流状态下损伤型，模型不同状态下底板破坏深度，通过对 51302 工作面及 7105 工作面的底板破坏深度进行实时监测，进一步验证了理论计算的结果和软件模拟的底板破坏深度更接近实际。归纳出影响底板破坏深度的主要因素，构建了基于优化 BP 神经网络的底板破坏深度预测模型。利用多源信息融合方法对底板破坏深度多种计算方法的计算结果进行融合，并将其在肥城煤田应用，取得了以下创新点和获得了以下主要结论。

本论文取得的主要结论有：

（1）利用 RFPA 软件对采场完整底板、损伤底板及渗流状态下损伤底板的应力变化进行模拟，给出最大主应力及剪应力变化云图，随着煤层回采，采空区增大，底板中的前、后支承压力逐渐增大，但后支承压力的增加幅度较小。支承压力作用随底板深度增加而递减，但作用区宽度增大，渗流状态下损伤底板的剪应力在煤壁两端最为集中，对底板的破坏程度最大，损伤底板次之，完整底板最小。

（2）在研究采场底板岩体应力－渗流－损伤耦合的基础上，利用 RFPA 软件将良庄井田 51302 工作面的底板分别设定为完整底板、损伤底板及渗流状态下损伤的底板，并进行底板破坏深度模拟。

（3）利用高密度电阻率探测对良庄井田 51302 工作面进行实时监测，表明煤层开采对断层破碎带起到活化作用，使得底板损伤进一步加重，当工作面推进到接近工作面宽度（倾斜宽）时，底板破坏深度达到最大，最大异常破坏深度可达 35 m。

（4）利用钻孔封堵注水技术对白庄井田 7105 工作面进行实测，根据钻孔开采前后漏失量的情况，得出 7105 工作面实测初步来压时，底板破坏深度为 14.66 m，周期来压时底板破坏深度为 15.2 m，工作面停采后最大异常破坏深度为 21.56 m。说明工作面在回采过程中，底板损伤进一步加大，底板破坏深度也逐渐加大，在回采结束后，底板破坏深度达到最大值。

（5）在肥城煤田选取 6 个工作面，分别用损伤底板破坏深度公式、"下四带"理论和 BP 神经网络对其底板破坏深度进行预测，最后用排序加权平均算子融合的方法进行融合，获得最后的底板破坏深度预测值。

7.2 主要创新点

（1）以裂纹起裂判据为基础，结合矿山压力控制理论，考虑裂纹张开和闭合两种情况，推导了底板在应力－损伤耦合状态下的底板破坏深度公式，以及底板在应力－渗流－损伤耦合状态下，静水压力和动水压力情况下底板破坏深度公式。

（2）在岩石力学试验的基础上，运用获得的力学参数，给出了多种岩性组合条件下的煤层底板损伤变量 D 的计算方法；结合地质条件、现场实测及专家经验，提出了损伤变量指数法定

量化计算损伤变量 D 的方法。

（3）借助 MATLAB 平台，建立了包括开采深度、煤层倾角、开采厚度、工作面长度、底板损伤变量、有无切穿型断层、破碎带等因素的改进型 BP 神经网络的底板破坏深度预测模型。

（4）提出了用排序加权平均算子的融合算法预测底板破坏深度的模型。

7.3　展望

底板破坏深度的预测是预测预报煤层开采过程中底板突水情况的一个重要因素。在对底板破坏深度进行预测时，较多的将底板视为完整型底板，这对底板破坏深度的预测有很大的制约性。本论文在研究损伤底板状态下底板破坏深度的时，主要以新汶矿区和肥城矿区的矿井为对象进行了研究，由于地质条件的复杂性、岩体的非均一性、水文地质条件的差异性等，这一课题仍需要进一步研究。

由于实验条件、研究时间等方面的限制，今后将在以下几个方面开展进一步的研究：

（1）损伤底板破坏深度的理论计算公式比较复杂，广泛应用比较困难，需要进一步简化；

（2）采场底板损伤度的计算需要进一步研究，使其计算简便、快捷更加实用；

（3）损伤底板破坏深度的预测还不成熟，考虑的因素不够全面，在今后的预测过程中需要进一步加强。

参 考 文 献

[1] 施龙青，韩进．底板突水机理及预测预报 ［M］．徐州：中国矿业大学出版社，2004.

[2] 卜昌森，张希诚，尹万才，等．"华北型"煤田岩溶水害及防治现状 ［J］．地质评论，2001，47（4）：406－407.

[3] 李加祥．煤层底板"下三带"理论在底板突水研究中的应用 ［J］．河北煤炭，1990（04）：12－15.

[4] 李白英．预防矿井底板突水的"下三带"理论及其发展与应用 ［J］．山东矿业学院学报（自然科学版），1999，18（4）：11－18.

[5] 王则才．矿压对底板破坏深度的分析 ［J］．矿山压力与顶板管理，2001（04）：94－96.

[6] 靳德武．我国煤层底板突水问题的研究现状及展望 ［J］．煤炭科学技术，2002（30）：1－4.

[7] 阎海珠．利用突水系数指导带压开采的实践 ［J］．河北煤炭，1998（04）：28－30.

[8] 王希良，彭苏萍，郑世书．深部煤层开采高承压水突水预报及控制 ［J］．辽宁工程技术大学学报，2004，23（6）：758－760.

[9] 高延法，于永辛，牛学良．水压在底板突水中的力学作用 ［J］．煤田地质与勘探，1996，24（6）：37－39.

[10] 李家祥，李大普，张文泉，等．原始地应力与煤层底板突水的关系 ［J］．岩石力学与工程学报，1999，18（4）：419－423.

[11] 韩爱民，白玉华，孙家齐．断层透水性工程地质评价 ［J］．南京建筑工程学院学报，2002，1：21－25.

[12] 于喜东．地质构造与煤层底板突水 ［J］．煤炭工程，2004，12：34－35.

[13] 刘蕴祥，陈祥恩，张胜利．永城矿区煤层底板裂隙灰岩突水机理 ［J］．煤田地质与勘探，2002，30（3）：45－46.

[14] 白海波，陈忠胜，张景钟．徐州矿区奥灰岩溶水突出的原因与防治 ［J］．煤田地质与勘探，1999，27（3）：47－49.

[15] 凌良辅．以"下三带"理论对开采受承压水威胁煤层的探讨 ［J］．科技情报开发与经济，2003，13（10）：192－193.

［16］张渊. 开采矿压对底板的损伤破坏及其对突水的诱发作用［J］. 太原理工大学学报，2002，33（3）：252－256.

［17］施龙青，宋振琪. 采场底板突水条件及位置分析［J］. 煤田地质与勘探，1999，27（5）：49－52.

［18］施龙青，尹增德，刘永法. 煤矿底板损伤突水模型［J］. 焦作工学院学报，1998，17（6）：403－405.

［19］王经明. 承压水沿煤层底板递进导升突水机理的模拟与观测［J］. 岩土工程学报，1999，21（5）：546－549.

［20］靳德武，王延福，马培智. 煤层底板突水的动力学分析［J］. 西安矿业学院学报，1997，17（4）：54－356.

［21］Shi Long qing，Han Jin. Theory and practice of dividing coal mining area floor into four－zone［J］. Journal of China University of Mining and Technology，2005，34（1）：16－23.

［22］王作宇，刘鸿泉，王培彝，等. 承压水上采煤学科理论与实践［J］. 煤炭学报，1994，19（1）：40－48.

［23］杨映涛，李抗杭. 用物理相似模拟技术研究煤层底板突水机理［J］. 煤田地质与勘探，1997，25：33－36.

［24］张金才，张玉卓，刘天泉. 岩体渗流与煤层底板突水［M］. 北京：地质出版社，1997.

［25］王吉松，关英斌. 煤层底板突水研究的理论和方法［J］. 煤炭技术，2006，25（1）：113－115.

［26］钱鸣高，缪协兴，黎良杰. 采场底板岩层破断规律的理论研究［J］. 岩土工程学报，1995，17（6）：56－61.

［27］Xu Jia lin，Qian Ming gao. Study and application of mining－induced fracture distribution in green mining［J］. Journal of China University of Mining and Technology，2004，33（2）：141－144.

［28］黎良杰，钱鸣高，李树刚. 断层突水机理分析［J］. 煤炭学报，1996，21（2）：119－123.

［29］黎良杰. 采场底板突水机理的研究［D］. 徐州：中国矿业大学，1995.

［30］王延福，靳德武，曾艳京，王晓明. 岩溶矿井煤层底板突水系统的非线性特征初步分析［J］. 中国岩溶，1998，17（4）：331－341.

[31] 周辉，翟德元，王泳嘉. 薄隔水层井筒底板突水的突变模型［J］. 中国安全科学学报，1999，9（3）：44-58.

[32] 白晨光，黎良杰，于学馥. 承压水底板关键层失稳的尖点突变模型［J］. 煤炭学报，1997，22（2）：149-154.

[33] 王凯，位爱竹，陈彦飞，俞启香. 煤层底板突水的突变理论预测方法及其应用［J］. 中国安全科学学报，2004，14（1）：11-15.

[34] 王连国，宋扬. 底板突水煤层的突变学特征［J］. 中国安全科学学报，1999，9（5）：10-21.

[35] 王连国，宋扬，缪协兴. 底板岩层变形破坏过程中混沌性态的 Lyapunov 指数描述［J］. 岩土工程学报，2002，24（3）：356-359.

[36] 邱秀梅，王连国. 断层采动型突水自组织临界特性研究［J］. 山东科技大学学报（自然科学版），2002，21（1）：59-61.

[37] 陈佩佩，管恩太，邱显水. 我国华北煤矿底板突水危险性评价［J］. 煤矿开采，2004，9（2）：1-9.

[38] 武强，庞炜，戴迎春，等. 煤层底板突水脆弱性评价的 GIS 与 ANN 耦合技术［J］. 煤炭学报，2006，31（3）：314-319.

[39] 廖巍，周荣义，李树清. 基于小波神经网络的煤层底板突水非线性预测方法研究［J］. 中国安全科学学报，2006，16（11）：24-28.

[40] 靳德武，陈健鹏，王延福，等. 煤层底板突水预报人工神经网络系统的研究［J］. 西安科技学院学报，2000，20（3）：214-216.

[41] 黄国明，苏文智. 利用神经网络预测煤层底板突水［J］. 华东地质学院学报，1999，19（2）：170-184.

[42] 王连国，宋扬. 煤层底板突水组合人工神经网络预测［J］. 岩土工程学报，2001，23（4）：502-505.

[43] 姜成志，张绍兵. 建立在神经网络基础上的煤矿突水预测模型［J］. 黑龙江科技学院学报，2006，16（1）：8-11.

[44] 施龙青，韩进，宋扬. 用突水概率指数法预测采场底板突水［J］. 中国矿业大学学报，1999，28（5）：442-460.

[45] 王成绪. 研究底板突水的结构力学方法［J］. 煤田地质与勘探，1997，25：48-49.

[46] 施龙青. 采场底板突水力学分析［J］. 煤田地质与勘探，1998，26（5）：36-38.

［47］谭志祥.断层突水的力学机制浅析［J］.矿业安全与环保，1999（3）：21－23.

［48］张文志，李兴高.底板破坏型突水的力学模型［J］.矿山压力与顶板管理，2001，4：100－101.

［49］Fawcett，R. J，Hibberd S，Singh. R. N. Analytic Calculations Of Hydraulic Conductivities Above Longwall Coal Faces［J］. International Journal of Mine Water，1986，5（1）：45－60.

［50］Hatzor Y H，Talesnick M，Tsesarsky M. Continuous and discontinuous stability analysis of the bell－shaped caverns at Bet Guvrin，Israel［J］. Int J Rock Mech Min Sci，2002，39（7）：867－886.

［51］张西民，马培智.采煤工作面顶板来压和底板突水关系的数值模拟［J］.煤田地质与勘探，1998，26（增刊）：33－35.

［52］刘红元，唐春安.承压水底板失稳过程的数值模拟［J］.煤矿开采，2001，42：50－51.

［53］冯启言，杨天鸿，于庆磊，等.基于渗流－损伤耦合分析的煤层底板突水过程的数值模拟［J］.安全与环境学报，2000，6（3）：1－4.

［54］郑少河，朱维申，王书法.承压水上采煤的固流耦合问题研究［J］.岩石力学与工程学报，2000，19（4）：421－424.

［55］吕春峰，王芝银，李云鹏.含裂隙煤层底板突水规律的数值模拟与工程应用［J］.岩土力学，2003，24（增刊）：112－116.

［56］吴双宏，张渊.带压开采底板突水破坏的数值实验［J］.资源环境与工程，2006，20（3）：244－247.

［57］武强，刘金韬，钟亚平，等.开滦赵各庄矿断裂滞后突水数值仿真模拟［J］.煤炭学报，2002，27（5）：511－516.

［58］Cundall P A. Numerical modelling of jointed and faulted rock［A］. Mechanics of jointed and faulted rock［C］. Rotterdam：A. A. Balke ma，1990：11－18.

［59］Cundall P A. Shear band Initiation and evolution in frictional materials［A］. Mechanics Computing in 1990s and Beyond［C］. New York：AS ME，1991：1279－1289.

［60］尹尚先，武强.陷落柱概化模式及突水力学判据［J］.北京科技大

学学报，2006，28（9）：812－817.

[61] 尹尚先，武强，王尚旭. 范各庄矿井地下水系统广义多重介质渗流模型 [J]. 岩石力学与工程学报，2004，23（14）：2319－2325.

[62] 尹尚先，王尚旭. 陷落柱影响采场围岩破坏和底板突水的数值模拟分析 [J]. 煤炭学报，2003，28（3）：264－269.

[63] 魏久传. 煤层底板岩体断裂损伤与板突水机理研究 [D]. 泰安：山东科技大学，2000.

[64] 沈光寒，李白英，吴戈. 矿井特殊开采的理论与实践 [M]. 北京：煤炭工业出版社，1992.

[65] 朱维申，李述才，陈卫忠. 节理岩体破坏机理和锚固效应及工程应用 [M]. 北京：科学出版社，2002.

[66] 余天庆，钱济成. 损伤理论及应用 [M]. 北京：国防工业出版社，1993.

[67] 高庆. 工程断裂力学 [M]. 四川：重庆大学出版社，1986.

[68] 宋振骐. 实用矿山压力控制 [M]. 徐州：中国矿业大学出版社，1998.

[69] 施龙青，韩进. 开采煤层底板"四带"划分理论与实践 [J]. 中国矿业大学学报，2005，42（1）：16－23.

[70] 张金才，刘天泉. 论煤层底板采动裂隙带的深度及分布特征 [J]. 煤炭学报，1990，15（2）：46－55.

[71] 黎良杰. 采场底板突水机制的研究 [D]. 徐州：中国矿业大学，1995.

[72] 王作宇，刘鸿泉. 承压水上采煤 [M]. 北京：煤炭工业出版社，1993.

[73] 李白英，弭尚振. 采矿工程水文地质学 [M]. 泰安：山东矿业学院出版社，1988.

[74] 高延法，施龙青，等. 底板突水规律与突水优势面 [M]. 徐州：中国矿业大学出版社，1999.

[75] 国家煤炭工业局. 建筑物、水体、铁路及主要井巷煤柱留设与压煤开采规程 [M]. 北京：煤炭工业出版社，2000.

[76] 程久龙，于师建，宋扬，等. 煤层底板破坏深度的声波 CT 探测试验研究 [J]. 煤炭学报，1999，24（6）：576－579.

［77］翟培合. 采场底板破坏及底板水动态监测系统研究 ［D］. 泰安：山东科技大学，2005.

［78］李子林，魏久传，刘同斌，等. 受水威胁工作面底板水情动态监测技术 ［J］，煤炭学报，2006，31（增刊）：78 – 81.

［79］张平松，吴基文，刘盛东. 煤层采动底板破坏规律动态观测研究 ［J］. 岩石力学与工程学报，2006，25（S1）：3009 – 3013.

［80］赵贤任，刘树才，李富，等. 煤层底板破坏带电阻率法异常特征研究 ［J］. 工程地球物理学报，2008，5（2）：164 – 167.

［81］刘树才. 煤矿底板突水机理及破坏裂隙带演化动态探测技术 ［D］. 徐州：中国矿业大学，2008.

［82］关英斌，李海梅，路军臣. 显德汪煤矿 9 号煤层底板破坏规律的研究 ［J］. 煤炭学报，2003，28（2）：121 – 124.

［83］弓培林，胡耀青，赵阳升，等. 带压开采底板变形破坏规律的三维相似模拟研究 ［J］. 岩石力学与工程学报，2005，24（23）：4396 – 4372.

［84］冯梅梅，茅献彪，白海波，等. 承压水上开采煤层底板隔水层裂隙演化规律的实验研究 ［J］. 岩石力学与工程学报，2009，28（2）：336 – 339.

［85］左人宇，龚晓南，桂和荣. 多因素影响下煤层底板变形破坏规律研究 ［J］. 东北煤炭技术，1999（5）：2 – 6.

［86］冯启言，陈启辉. 煤层开采底板破坏深度的动态模拟 ［J］. 矿山压力与顶板管理，1998，28（3）：70 – 72.

［87］Lemaitre J. A Course on Damage Mechanics ［J］. Spring – Verlag，1992.

［88］Lemaitre J. Chaboche J L. Mecanique des Materiaus Solides ［J］. Chap7，Endommagement，Donond，1985.

［89］Krajcinovic D，Lemaitre J. Coutinuum Damage Mechanics ［J］. Theory and Applications. Spring – Verlag，1987.

［90］沈为，彭立华. 损伤力学 ［M］. 武汉：华中理工大学出版社，1995.

［91］杨卫. 宏微观断裂力学 ［M］. 北京：国防工业出版社，1995.

［92］Krajcinovic D. Constitutive Theories for Solids with Defective Micro – structure, Damage Mechanics and Continuum Modeling〔J〕. Stubks N, Krajcinovic D eds. New York：ASCE, 1985：39 – 56.

［93］ Atkinson B K, Meredith P G. The theory of subcritical crock Growth with Growth with Applications to Minerals and Rocks. Fracture Mechanics of Rock. Atkinson B Ked〔J〕. London：Academic Press, 1987：111 – 166.

［94］ 杨光松. 损伤力学与复合材料损伤〔M〕. 北京：国防工业出版社, 1995.

［95］ 余寿文, 冯西桥. 损伤力学〔M〕. 北京：清华大学出版社, 1997.

［96］ 余寿文. 断裂损伤与细观力学〔J〕. 力学与实践, 1988, 10（6）：12 – 18.

［97］ Dougill J W, Lau J C, Burt N J. Toward A Theoretical Model for Progressive Failure and softening in Rock, Concrete and Similar Materials〔J〕. Mech in Engng, ASCE – END, 1976：335 – 355.

［98］ 谢和平. 大理岩微观断裂的分形模型研究〔J〕. 科学通报, 1989, 34（5）.

［99］ 谢和平, 高峰. 岩石类材料损伤演化的分形特征〔J〕. 岩石力学与工程学报, 1991, 10（1）：1 – 9.

［100］ 谢和平, D. J. Sanderson, D. C. P. Peacock. 雁型断裂分形模型和能量耗散〔J〕. 岩土工程学报, 1994, 16（1）：1 – 7.

［101］ 凌建明. 节理岩体损伤力学及时效损伤特征的研究〔D〕. 上海：同济大学, 1992.

［102］ 叶黔元. 岩石的内时损伤本构模型〔A〕. 第四届全国岩土力学数值方法与解析方法会议论文集〔C〕. 武汉：武汉测绘科技大学出版社, 1991.

［103］ 李广平, 陶振宇. 真三轴条件下的岩石细观损伤力学模型〔J〕. 岩土工程学报, 1995, 17（1）：24 – 31.

［104］ 孙卫军, 周维垣. 裂隙岩体弹塑性损伤本构模型〔J〕. 岩土力学与工程学报, 1990, 9（2）：108 – 119.

［105］ 杨延毅. 节理裂隙岩体损伤 – 断裂力学模型及其在岩体工程中应用〔D〕. 北京：清华大学, 1990.

［106］ 李新平, 朱维申. 多裂隙岩体的等效弹性损伤模型及有限元分析〔A〕.

第四届全国岩土力学数值分析与解析方法讨论会论文集［C］．武汉：武汉测绘科技大学出版社，1991．

［107］徐靖南．压剪应力作用下多裂隙岩体的力学特性－理论分析与模型试验［D］．武汉：中国科学院武汉岩土力学研究所，1993．

［108］徐靖南，朱维申，白世伟．压剪应力作用下多裂隙岩体的力学特性－本构模型［J］．岩体力学，1993，14（4）．

［109］李海梅，关英斌，杨大兵．邯邢地区煤层底板应力分布的相似材料模拟分析［J］．矿业安全与环保，2007，34（6）：24－28．

［110］林峰．煤层底板应力分布的相似材料模拟分析［J］．安徽理工大学学报（自然科学版），1990，03：32－35．

［111］李义昌，郑伦素．水文地质与工程地质学［M］．徐州：中国矿业大学出版社，1990．

［112］程靳，赵树山．断裂力学［M］．北京：科学出版社，2006．

［113］李庆芬，朱世范．断裂力学及其工程应用［M］．哈尔滨：哈尔滨工程大学出版社，2008．

［114］李术才．加锚断裂节理岩体断裂损伤模型及其应用［D］．武汉：中科院武汉岩土力学研究所，1996．

［115］易顺民，朱珍德．裂隙岩体损伤力学导论［M］．北京：科学出版社，2005．

［116］杨友卿．岩石强度的损伤力学分析［J］．岩石力学与工程学报，1999，18（1）：23－27．

［117］宋振骐．实用矿山压力控制［M］．徐州：中国矿业大学出版社，1998．

［118］蒋金泉．采场围岩应力与运动［M］．北京：煤炭工业出版社，1993．

［119］祝云华，刘新荣，梁宁慧，等．裂隙岩体渗流模型研究现状与展望［J］．工程地质学报，2008，16（2）：178－183．

［120］王启智．计算裂隙张开面积和张开体积的几个公式［J］．机械强度，2000，22（1）：78－81．

［121］李树茂，齐伟，刘红帅．岩体损伤力学理论进展［J］．世界地质，2001，3：72－78．

［122］康红普．水对岩石的损伤［J］．水文地质工程地质，1994，（3）：

39 – 41.

[123] 林峰，黄润秋．单轴荷载下确定岩体损伤参数的可行性研究［J］．成都理工学院学报，2000，27（2）：189 – 192.

[124] 高文学，杨运通，杨军．脆性岩石冲淡损伤模型研究［J］．岩石力学与工程学报，2009，19（2）：153 – 156.

[125] 卡恰诺夫．连续介质损伤力学引论［M］．杜善义，等．哈尔滨：哈尔滨工业大学出版社，1989.

[126] 袁建新．岩体损伤问题［J］．岩土力学，1993，14（1）：1 – 31.

[127] 高峰，谢和平，巫静波．岩石损伤和破碎相关性的分形分析［J］．岩石力学与工程学报，1999，18（5）：503 – 506.

[128] 周维垣．大坝整体稳定的分析系统［J］．岩石力学与工程学报，1997，16（5）：424 – 430.

[129] 凌建明，孙钧．应变空间表述的岩体损伤本构关系［J］．同济大学学报，1994，22（2）：135 – 140.

[130] 张奎，高永生，张少明，等．关于表征微裂纹型损伤的损伤变量的提出与应用［J］．力学与实践，1995，6：33 – 34.

[131] 王维刚．高等岩石力学［M］．北京：冶金工业出版社，1996.

[132] 蔡德所，张继春．基岩爆破损伤的数值模拟及工程应用［J］．水力学报，1997，4：67 – 71.

[133] 杨更社，孙钧，谢定义，等．岩石材料损伤变量与CT数间的分析［J］．力学与实践，1998，20（4）：47 – 49.

[134] 杨更社，谢定义，孙长庆，等．岩石损伤扩展力学特性的CT分析［J］．岩石力学与工程学报，1999，18（2）：250 – 253.

[135] 杨更社，谢定义，张长庆，等．岩石单轴受力CT识别损伤本构关系的探讨［J］．岩土力学，1997，18（2）：29 – 34.

[136] 王在泉，华安增．节理岩体损伤变量确定的分形方法［J］．岩土力学，1998，19（2）：45 – 48.

[137] 赵锡宏，孙红，罗冠威．损伤土力学［M］．上海：同济大学出版社，2000.

[138] 许宝田，钱七虎，阎长虹，许宏发．泥岩损伤特性试验研究［J］．工程地质学报，2010，18（4）：534 – 537.

[139] 曹文贵，赵明华，刘成学．基于统计损伤理论的摩尔 – 库仑岩石强

度判据修正方法之研究［J］. 岩石力学与工程学报，2006（7）：2403 - 2408.

［140］杨明辉，赵明华，曹文贵. 岩石损伤软化本构模型参数的确定方法［J］. 水力学报，2005（3）：345 - 349.

［141］李杭州，廖红建，盛谦. 基于统一强度理论的软岩损伤统计本构模型研究［J］. 岩石力学与工程学报，2006（7）：1331 - 1336.

［142］仵彦卿，张倬元. 岩体水力学导论［M］. 成都：西南交通大学出版社，1995.

［143］易顺民. 泥石流的分形特征及意义［J］. 地理科学，1997，15（5）：22 - 25.

［144］陶振宇，窦铁生. 关于岩石水力学模型［J］. 力学进展，1994，24（3）：409 - 417.

［145］Wong R. H. C, Leung W L, Wang S W. Shear strength studies on rock - link models containing arrayed open joints. Rock Mechanics in National Interest［J］. Elsworth, Tinucci and Heasley（eds）［J］. 2001 Swets & Zeitlinger Lisse：843 - 849.

［146］蔡美峰，何满潮，刘东燕. 岩石力学与工程［M］. 北京：科学出版社，2002.

［147］周创宾，熊文林. 论岩体的渗透特性［J］. 工程地质学报，1996，4（2）：69 - 73.

［148］桂和荣，龚乃勤，孙本魁. "深部开采底板突水控制理论"研究基本思路及方案（续）［J］. 淮南工业学院学报，1999，19（4）：1 - 5.

［149］赵阳升. 煤岩流体力学［M］. 北京：煤炭出版社，1993.

［150］Su G, J. Geller, K. Pruess, F. Wen. Experimental studies of water seepage and intermittent flow in unsaturated, roughwalled fractures［J］. Water Resour. Res. , 1999, 35（4）：1019 - 1037.

［151］韩宝平. 任丘油田雾迷山组白云岩储层的渗透性实验研究［J］. 地质科学，2000，35（4）：96 - 403.

［152］仵彦卿. 岩土水力学［M］. 北京：科学出版社，2009.

［153］杨天鸿，唐春安，徐涛，等. 岩石破裂过程的渗流特性理论、模型与应用［M］. 北京：科学出版社，2004（10）：10 - 76.

［154］莫撼. 水文地质及工程地质地球物理勘查［M］. 北京：原子能出

版社, 1997.

［155］虎维岳. 矿山水害防治技术［M］. 北京：煤炭工业出版社, 2005.

［156］蒋勤明. 大采深工作面煤层底板采动破坏深度测试［J］. 煤田地质与勘探, 2009, 37（4）：30－32.

［157］刘树才. 煤矿底板突水机理及破坏裂隙带演化动态监测技术［D］. 徐州：中国矿业大学, 2008.

［158］郭文兵, 邹友峰, 邓喀中. 煤层底板采动导水破坏深度计算的神经网络方法［J］. 中国安全科学学报, 2003（3）：28－30.

［159］刘同明, 祖勋, 洪成. 数据融合技术及其应用［M］. 国防工业出版社, 1998.

图书在版编目（CIP）数据

损伤底板破坏深度预测理论及应用/于小鸽等著．－－北京：
煤炭工业出版社，2016

ISBN 978－7－5020－5044－3

Ⅰ．①损…　Ⅱ．①于…　Ⅲ．①煤层—底板压力—研究
Ⅳ．①TD322

中国版本图书馆 CIP 数据核字（2015）第 292756 号

损伤底板破坏深度预测理论及应用

著　　者	于小鸽　施龙青　韩　进　魏久传
责任编辑	尹忠昌
编　　辑	康　维
责任校对	邢蕾严
封面设计	盛世华光

出版发行　煤炭工业出版社（北京市朝阳区芍药居 35 号　100029）
电　　话　010－84657898（总编室）
　　　　　　　010－64018321（发行部）　010－84657880（读者服务部）
电子信箱　cciph612@126.com
网　　址　www.cciph.com.cn
印　　刷　北京市郑庄宏伟印刷厂
经　　销　全国新华书店

开　　本　880mm×1230mm$^1/_{32}$　**印张**　6　**字数**　152 千字
版　　次　2016 年 1 月第 1 版　2016 年 1 月第 1 次印刷
社内编号　7895　　　　　　　**定价**　26.00 元